1. 分蘖期单株

2. 成熟期单株

3. 成熟期群体

4. 稻谷

5. 糙米

6. 精米

2 飞来凤

1. 分蘖期单株

2. 抽穗期单株

3. 成熟期单株

4. 成熟期群体

5. 成熟期穗型

6. 稻谷

3 牛毛黄

1. 抽穗期单株　　　　2. 成熟期单株　　　　3. 成熟期群体

4. 成熟期穗型　　　　5. 稻谷　　　　6. 糙米　　　　7. 精米

4 老虎稻

1. 分蘖期单株

2. 抽穗期单株

3. 成熟期单株

4. 成熟期群体

5. 成熟期穗型

6. 稻谷

7. 糙米

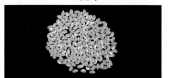

8. 精米

5 三千穗

1. 分蘖期单株

2. 抽穗期单株

3. 成熟期单株

4. 成熟期群体

5. 成熟期穗型

6. 稻谷

7. 糙米

8. 精米

6 大黄稻

1. 分蘖期单株

2. 抽穗期单株

3. 成熟期单株

4. 成熟期群体

5. 成熟期穗型

6. 稻谷

7. 糙米

8. 精米

7 小黄稻

1. 分蘖期单株

2. 抽穗期单株

3. 成熟期单株

4. 成熟期群体

5. 成熟期穗型

6. 稻谷

7. 糙米

8. 精米

8 老黄稻

1. 分蘖期单株

2. 抽穗期单株

3. 成熟期单株

4. 成熟期群体

5. 成熟期穗型

6. 稻谷

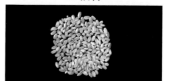

7. 糙米

8. 精米

1. 分蘖期单株

2. 抽穗期单株

3. 成熟期单株

4. 成熟期群体

5. 成熟期穗型

6. 稻谷

7. 糙米

8. 精米

10 洋稻

1. 分蘖期单株

2. 成熟期单株

3. 成熟期群体

4. 成熟期穗型

5. 稻谷

6. 精米

11 芦花白

1. 糙米

12 一时兴

1. 分蘖期单株

2. 抽穗期单株

3. 成熟期单株

4. 成熟期群体

5. 成熟期穗型

6. 稻谷

1. 分蘖期单株

2. 抽穗期单株

3. 稻谷

4. 糙米

14 凤凰稻

1. 分蘖期单株

2. 成熟期单株

3. 成熟期群体

4. 成熟期穗型

5. 稻谷

6. 糙米

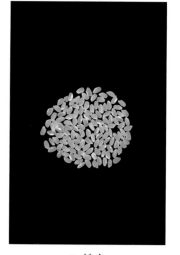

7. 精米

15 野 稻

1. 分蘖期单株

2. 成熟期单株

3. 成熟期群体

4. 成熟期穗型

5. 稻谷

6. 糙米

7. 精米

16 太湖青

1. 分蘖期单株

2. 抽穗期单株

3. 成熟期单株

4. 成熟期群体

5. 成熟期穗型

6. 稻谷

7. 糙米

8. 精米

17 铁秆青

1. 稻谷

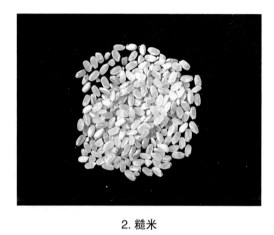

2. 糙米

3. 精米

18 落霜青

1. 分蘖期单株

2. 抽穗期单株

3. 成熟期单株

4. 成熟期穗型

5. 稻谷

6. 糙米

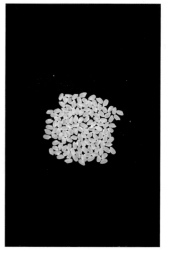

7. 精米

1. 分蘖期单株

2. 抽穗期单株

3. 成熟期单株

4. 成熟期群体

5. 成熟期穗型

6. 稻谷

7. 糙米

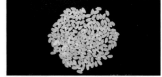

8. 精米

20 绿 种

1. 稻谷

2. 糙米

3. 精米

1. 分蘖期单株

2. 抽穗期单株

3. 成熟期单株

4. 成熟期穗型

5. 稻谷

6. 糙米

7. 精米

22　小红稻

1. 分蘖期单株

2. 成熟期单株

3. 成熟期群体

4. 成熟期穗型

5. 稻谷

6. 糙米

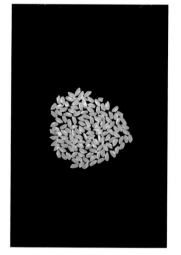

7. 精米

1. 分蘖期单株

2. 抽穗期单株

3. 成熟期单株

4. 成熟期穗型

5. 稻谷

6. 糙米

7. 精米

24 老来红

1. 分蘖期单株

2. 抽穗期单株

3. 成熟期单株

4. 成熟期穗型

5. 稻谷

6. 糙米

25 粗秆荔枝红

1. 分蘖期单株

2. 抽穗期单株

3. 成熟期单株

4. 成熟期群体

5. 成熟期穗型

6. 稻谷

7. 糙米

8. 精米

26 红壳稻

1. 分蘖期单株

2. 抽穗期单株

3. 成熟期单株

4. 成熟期群体

5. 成熟期穗型

6. 稻谷

7. 糙米

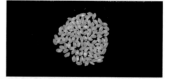

8. 精米

1. 分蘖期单株

2. 抽穗期单株

3. 成熟期单株

4. 成熟期群体

5. 成熟期穗型

6. 稻谷

7. 糙米

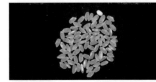

8. 精米

28 芦头红

1. 分蘖期单株

2. 抽穗期单株

3. 成熟期单株

4. 成熟期群体

5. 成熟期穗型

6. 稻谷

7. 糙米

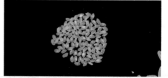

8. 精米

1. 分蘖期单株　　　　2. 抽穗期单株　　　　3. 成熟期单株

4. 成熟期穗型　　　　6. 糙米　　　　7. 精米

5. 稻谷

30 鸡嗅稻

1. 分蘖期单株

2. 抽穗期单株

3. 成熟期单株

4. 成熟期群体

5. 成熟期穗型

6. 稻谷

7. 糙米

8. 精米

1. 分蘖期单株

2. 抽穗期单株

3. 成熟期单株

4. 成熟期群体

5. 成熟期穗型

6. 稻谷

7. 糙米

8. 精米

32 白壳糯

1. 分蘖期单株

2. 抽穗期单株

3. 成熟期单株

4. 成熟期群体

5. 成熟期穗型

6. 稻谷

7. 糙米

8. 精米

1. 分蘖期单株

2. 抽穗期单株

3. 成熟期单株

4. 成熟期群体

5. 成熟期穗型

6. 稻谷

7. 糙米

8. 精米

34 红壳糯

1. 分蘖期单株

2. 抽穗期单株

3. 成熟期单株

4. 成熟期群体

5. 成熟期穗型

6. 稻谷

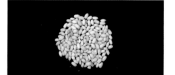

7. 糙米

8. 精米

1. 抽穗期单株

2. 成熟期单株

3. 成熟期群体

4. 成熟期穗型

5. 稻谷

6. 糙米

7. 精米

36 香芝糯

1. 分蘖期单株

2. 抽穗期单株

3. 成熟期单株

4. 成熟期群体

5. 成熟期穗型

6. 稻谷

7. 糙米

8. 精米

1. 分蘖期单株

2. 抽穗期单株

3. 成熟期单株

4. 成熟期群体

5. 成熟期穗型

6. 稻谷

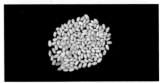

7. 糙米

8. 精米

38 香糯稻

1. 分蘖期单株

2. 抽穗期单株

3. 成熟期单株

4. 成熟期群体

5. 成熟期穗型

6. 稻谷

7. 糙米

8. 精米

39　槐花糯

1. 分蘖期单株

2. 抽穗期单株

3. 成熟期单株

4. 成熟期穗型

5. 稻谷

40 洋糯稻

1. 分蘖期单株

2. 抽穗期单株

3. 成熟期单株

4. 成熟期穗型

5. 稻谷

6. 糙米

7. 精米

41 细柴糯

1. 分蘖期单株

2. 抽穗期单株

3. 成熟期单株

4. 成熟期穗型

5. 稻谷

42 麻筋糯

1. 分蘗期单株

2. 成熟期群体

3. 稻谷

4. 糙米

1. 分蘖期单株

2. 抽穗期单株

3. 成熟期单株

4. 成熟期群体

5. 成熟期穗型

6. 精米

44 鸭血糯

1. 分蘖期单株

2. 抽穗期单株

3. 成熟期单株

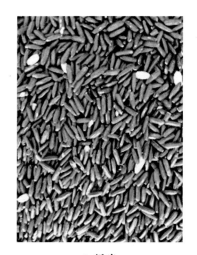

4. 糙米

苏州大米
SUZHOU RICE

"乡村振兴 品牌强农"丛书

主编/秦伟　陆志荣　副主编/朱正斌

苏州大米
地方种质资源

SUZHOU DAMI
DIFANG ZHONGZHI ZIYUAN

苏州大学出版社
Soochow University Press

图书在版编目（CIP）数据

苏州大米地方种质资源／秦伟，陆志荣主编．—苏州：苏州大学出版社，2022.1
ISBN 978-7-5672-3820-6

Ⅰ．①苏… Ⅱ．①秦… ②陆… Ⅲ．①大米—种质资源—苏州 Ⅳ．①S511.024

中国版本图书馆 CIP 数据核字（2021）第 272204 号

书　　名：苏州大米地方种质资源
主　　编：秦　伟　陆志荣
副 主 编：朱正斌
策　　划：刘　海
责任编辑：刘　海
装帧设计：吴　钰
出版发行：苏州大学出版社（Soochow University Press）
出 版 人：盛惠良
社　　址：苏州市十梓街 1 号　邮编：215006
印　　刷：苏州工业园区美柯乐制版印务有限责任公司
网　　址：www.sudapress.com
E - mail：liuwang@ suda.edu.cn　　QQ：64826224
邮　　箱：sdcbs@ suda.edu.cn
邮购热线：0512-67480030
开　　本：787 mm ×1 092 mm　1/16　印张：14　字数：194 千　插页：22
版　　次：2022 年 1 月第 1 版
印　　次：2022 年 1 月第 1 次印刷
书　　号：ISBN 978-7-5672-3820-6
定　　价：98.00 元

凡购本社图书发现印装错误，请与本社联系调换。服务热线：0512-67481020

编委会名单

主　编

秦　伟　陆志荣

副主编

朱正斌

编著者名单

秦　伟　沈雪林

王　芳　张　翔

序

　　自 2017 年以来，苏州市围绕乡村振兴关于产业兴旺的总体要求，选准苏州农业从业人员多、市民关注度高、农民增收困难的"四个百万亩"水稻主导产业，积极培育和打造"苏州大米"区域公用品牌。经第三方评估，"苏州大米"区域公用品牌的导入，直接为苏州水稻产业增加产值 6.574 亿元，直接为苏州稻农增加经济效益 5.379 亿元，这是沿海发达地区在耕地资源紧缺基础上探索出的提升单位面积耕地产出效益的产业兴旺、生活富裕高质量发展路线。"苏州大米"区域公用品牌已经成为苏州的地方名片、产业大旗和价值金牌。

　　品牌的灵魂是质量，好大米的灵魂和核心是好品种，没有品种的支持，好大米无从谈起。一如五常大米的背后是水稻品种"稻花香"，日本大米的背后是水稻品种"越光"，泰国大米的背后是水稻品种"KDLM105"，"苏州大米"区域公用品牌成功的背后是地方优质水稻品种。苏州地方稻种资源品种多、类型丰富、地方特色强，目

前，在国家作物种质资源库中收集整理的苏州地方水稻品种资源就有近百个。为夯实"苏州大米"质量基础，实现"苏州大米"优质化育种，苏州市农业农村局始终坚持对地方优质水稻种质资源的保护，全面收集和补充征集地方品种，大规模考察、收集作物种质资源，大力推广优良丰产品种，严格淘汰性状差的低产品种。通过连续多年的水稻地方品种种质资源保护工作，已逐步建立并健全了"苏州大米"地方种质资源评价和保存体系，"苏州大米"地方种质资源有利基因的挖掘和开发利用得到了不断加强，以"安全保护、高效利用"为核心的"苏州大米"地方种质资源保护体系逐步形成。

为宣传和展示近年来"苏州大米"地方种质资源研究、利用的最新成果，提升"苏州大米"地方种质资源的生命力，同时也为进一步凝聚"苏州大米"地方种质资源的人才队伍，完善科技协作体系，苏州市农业农村局编写了《苏州大米地方种质资源》一书。

本书收录了全市主要的5大类、44个品种"苏州大米"地方种质资源评价结果，汇集了近年来苏州市农业科技工作者在地方优质稻保护中形成的技术经验，并配以不同品种地方优质稻的对比照片，"苏州大米"地方种质资源保护动态示意图等，图文并茂、简明实用、一目了然。希望本书能为推进"苏州大米"区域公用品牌发展，实现苏州农业增效、农民增收、农村变美尽一份绵薄之力。

目 录

第一篇 苏州大米地方稻种资源分类与保存

一、苏州大米地方稻种资源的收集与分类

太湖流域位处东经 119°8′~121°23′，北纬 30°15′~32°4′，即长江下游尾闾与杭州湾之间的长江三角洲地带，本域以太湖为中心，包括江苏的苏锡常地区及镇江地区东部，上海市郊和浙江的杭嘉湖及宁绍平原，土壤肥沃，耕地资源十分丰富。本域属北亚热带季风气候，气候温暖湿润，光照充足，雨量充沛，河网四通八达，稻作历史悠久，属于晚粳稻区。

太湖稻区稻作生产历来规模巨大，唐宋六百多年间，江南为全国水稻生产中心地区，太湖流域为稻米生产基地，京城军民所需大米全靠江南漕运，太湖稻区是名副其实的天下粮仓，当时就有"苏湖熟，天下足"的美誉。本稻区水稻品种资源十分丰富，其中粳稻占 80% 以上，熟期较晚。

为了挽救正在逐步灭绝的农作物地方品种，政府相关部门组织过多次较大规模的地方品种调查和收集。江苏省农业科学院、江苏太湖地区农业科学研究所（苏州市农业科学研究所）、苏州市职业大学农业分校等院所对太湖地区粳稻品种资源进行了收集，共计收集有 2000 多份粳稻品种资源（表 1）。国家从 20 世纪 50 年代开始对地方品种进行全面收集和补充征集，80 年代后，开始大规模地考察、收集作物种质资源。目前，国家作物种质资源库收集整理的苏州地方水稻品种资源就有百余个。

表1　太湖流域水稻地方品种资源

名称	产地	名称	产地
矮白稻	吴江	芦柴红	吴江
矮柴仲家种	吴江	芦花白	吴江、无锡
矮大种	吴江	芦黄（种）	吴江
矮脚大稻头	吴江	芦头红	吴江
矮脚凤凰稻	武进	罗汉黄	吴江、武进
矮脚黑头红	吴江	落霜青	苏州、昆山、吴江
矮脚芦花白	吴江	绿种	苏州
矮脚太湖青	吴江	麻筋糯	太仓、吴县
矮绿种	嘉兴、嘉善、松江	麦级种	吴县
白谷	吴江	满稻	吴县
白粳香	昆山	慢红谷（稻）	吴江、昆山
白壳稻	吴县①	慢绿种	苏州
白壳糯	常熟、吴县、太仓、吴江	慢三早	常熟
白芒稻	吴江.	慢种	吴江
白香粳	昆山	帽子头	昆山
百歌稻	无锡	木樨球	昆山
薄稻（糯）	宝山、嘉定、无锡、苏州	牛毛黄	太仓、常熟
笔杆青	苏州	葡萄青	昆山、金山
踩不倒	苏州	齐江青	昆山
粗秆荔枝红	吴江	三千穗	苏州、太仓
打鸟稻	常熟	佘山种	苏州
大稻头（糯）	吴县、吴江、常熟	盛塘青	常熟

---

① 现吴中区、苏州高新区、苏州工业园区等地。下同。

续表

名称	产地	名称	产地
大红稻	昆山	四上裕	苏州
大黄稻	苏州	苏御糯	常熟
大绿种	昆山、青浦	太湖青	吴江、昆山、江阴
大青种	苏州	铁秆青	苏州、吴江
大头鬼	常熟	铁粳青	苏州、昆山、桐乡
呆长青	苏州	铁头红	吴江
叠稻	昆山	脱壳黑头红	吴江
鹅管白粳稻	苏州	晚百歌	江阴
二等一时兴	昆山	晚黑头红	吴江
飞来凤	苏州、无锡	晚黄稻	吴县
凤景稻	吴县、吴江	晚木樨球	昆山
凤凰稻	吴江	晚糯稻	吴县
秆稞青	武进、宜兴	晚洋稻	吴江
橄榄青	太仓	乌锈糯	常熟
瓜田种	苏州	武农早	吴江
黑壳芦花白	吴县	细柴糯	常熟、吴县
黑头红	吴江、昆山	细秆黄	吴江
黑香粳	吴县、宜兴	细秆荔枝红	吴江
黑种	吴县、吴江、武进	香饭稻（糯）	丹阳
红秆荔枝红	苏州	香粳糯	吴江、宜兴、青浦
红壳稻	吴县、吴江、太仓	香糯稻	溧阳
红壳糯	苏州、无锡	香雪糯	武进
红菱浜种	常熟	香芝糯	吴县
红麻筋糯	太仓	香珠糯	常熟
红芒糯	昆山	红芒香粳糯	武进

续表

名称	产地	名称	产地
红沙粳	吴江	小白稻	昆山、吴江、桐乡
红须粳	苏州	小白野稻	苏州、常熟
花壳糯	吴江	小果子糯	吴江
槐花糯	苏州	小红稻	吴江、昆山、无锡
荒六石	吴江	小黄稻	吴江、无锡
黄谷大稻头	吴江	协家种	吴江
黄壳早廿日	吴县、江阴	鸭血糯	常熟
黄壳早十日	苏州	洋稻	常熟、无锡、平湖
黄绿种	吴县	洋糯稻	吴江
鸡哽稻	吴县、宜兴	野稻	太仓、常熟、无锡
江北糯	太仓	一粒芒	昆山
江阴早	吴县	一时兴	苏州、吴江、常熟、无锡、武进
金谷黄	吴江	一字稻	吴县
金虹糯	吴江	银垦	常熟
金坛糯	太仓、常熟	硬头稻	昆山
卡杀鸡	吴县	有芒白壳早稻	常熟
阔瓣大绿种	昆山	早白壳稻	武进
烂糯稻	苏州	早黑头红	吴江
老叠谷	吴江	早黄稻	吴县
老虎稻（种）	苏州	早木榉球	无锡
老黄稻	江阴、武进	早野稻	昆山
老来黑	吴县	长柴仲家种	吴江
老来红	武进、常熟、无锡、吴江、昆山	长脚大稻头	吴江

续表

名称	产地	名称	产地
老来青	苏州	长泾糯	昆山
荔枝红	吴江、昆山	长粳糯	苏州
练塘种	苏州	长楷凤凰稻	武进
流离种	吴江	长绿种	吴县
六十日	常熟	直塘稻	昆山

（一）苏州大米地方稻种资源的分类及研究

1. 根据粳稻成熟时的谷色及植株颜色分

蒋荷等（1990）对太湖地区 1399 个水稻种质资源进行了系统研究，按其成熟时的谷色和植株颜色将之分成四种类型。

（1）黄稻。黄稻茎秆粗壮，分蘖适中，穗大而着粒密，穗颈短，穗下垂，剑叶角度较小，有芒或无芒，成熟时由于生理变化，茎秆和功能叶与穗粒转变成黄色，因而得名"黄稻"。因谷粒多呈阔卵形，米粒饱满而厚，故又称"厚稻"。又因成熟期适逢中秋佳节前后，故又名"中秋稻"。这类品种成熟期略早，可避免秋季早霜袭击，其中著名品种有"黄壳早廿日""一时兴""飞来凤""金谷黄""牛毛黄""老黄稻"等。在苏南广大地区都有分布，栽培比较多的有苏州吴中区、常熟、昆山南部等地区，以及无锡、江阴。其特点是早熟，一般在 8 月中下旬出穗，高产、耐肥，有利于茬口安排。

（2）青稻。青稻茎秆较坚韧，分蘖力强，叶茂而软，穗颈较长。穗子长，着粒较稀，成熟时穗下垂，谷粒呈椭圆形。这类品种生育期长，一般 9 月中旬齐穗，籽粒灌浆成熟时正值晚秋，此时气温逐渐下降，而昼夜温差大，成熟进度慢，从齐穗到成熟需 45 天以上。这类品种米质优，由于功能叶片活力强而持续时期长，成熟

时秸青、籽黄、熟色好，故名"青稻"。又由于米粒大而扁平，故又称为"薄稻"。主要分布于上海的松江、奉贤、青浦等地区及浙江沿太湖的县、市，后引进吴江、吴县、昆山等地。其著名品种如"老来青""太湖青""落霜青""大绿种""矮大种"等，是江苏粳稻中米质最佳的品种，也是太湖地区享有盛名的珍贵品种。

（3）红稻。红稻颖壳多呈赤褐色，有些品种在茎秆和叶片上也呈现紫红色，故得名"红稻"。茎秆细弱，不耐肥，易倒伏，分蘖力和穗型均属一般，着粒稀，谷粒较大，易落粒，米质次，属于迟熟晚稻类型，一般10月底、11月初才成熟。抗逆性较强，能适应低湿、还原性强的土壤。多种于太湖地区低洼圩田，主要分布在吴江、昆山、宜兴和无锡的沿湖圩区。代表品种有"芦柴红""慢红谷""黑头红""小红稻""老来红""荔枝红"等。

（4）黑稻。黑稻属于晚稻类型，由于颖壳呈紫黑色或灰黑色而得名。穗型偏小且着粒稀，每穗实粒50～80粒。颖壳较厚，糙米为淡红或棕黄色，有少数品种为白米且有香味，大多数品种有长芒。由于稻谷为黑色又有长芒，鸟雀避而不食。这类品种主要分布于吴县、宜兴、江阴、武进等地。著名代表品种有"黑种""鸡哽稻""黑香粳""卡杀鸡""满稻""老来黑""黑壳芦花白"等。

2. 根据粳稻品种熟期分

不同粳稻品种在相同播期条件下，以各品种抽穗期时间的早晚划分早、中、晚熟品种。太湖流域的粳稻、糯稻多数属晚粳类型，以9月上中旬抽穗为主。晚粳的感光性强，感温性中偏强，代表品种如"太湖青"等，分布广，栽培面积大，遍布太湖流域广大稻区。

3. 根据农艺性状划分

（1）高秆、大穗。太湖流域稻种资源普遍为高秆、大穗，据1985年江苏省农业科学院统计，平均每穗粒数达151～200粒的占33.9%，平均每穗达201粒以上的占 6.4%，如宜兴的"秆棵青"有 285 粒，吴县的"王家种"为 264 粒；粳稻、糯稻品种平均株高 137 厘米，95% 的品种株高在 121～160 厘米，尤以 131～135 厘米的品种最多，占 72.1%。

（2）米质优良。太湖地区地方品种晚粳类型多，灌浆期间阳光充足，昼夜温差较大，灌浆比较充沛，所以，米质一般都较好，大多数品种的米质达到优质标准。根据测定，太湖流域稻种资源凝胶长度都在 60 毫米以上（软级），碱消值为 6～7 级（低级），直链淀粉含量在 20.1%～25.0% 的品种占 35.9%，直链淀粉含量在 20% 以下的品种有 467 个，占 64.1%。

（3）抗病性好。蒋荷等（1985）用太湖流域 1000 多份稻种资源连续 2 年进行白叶枯病人工接种鉴定，对 4 个不同致病型菌株（KS-8-4、KS-6-6、OS-30 和 KS-1-20）都表现抗性的品种有 273 个，占 22.3%，表现中抗的有 666 个，占总数的 54.7%。后又经过浙-173 和 KS-1-21 两个强菌株鉴定及吴江自然鉴定，表现稳定抗性的品种有 11 个，如吴县的"风景稻""红壳稻""大稻头（糯）"，昆山的"小爱 2 号""红芒糯"，武进的"长秸糯"，嘉善的"白壳晚稻"，桐乡的"铁粳青"，青浦的"大绿种"，镇江的"早糯稻"，嘉兴的"矮绿种"。王法明（1983）、蒋荷等（1985）用太湖地区 33 个稻瘟病混合菌系（含 E3、F1、G）对太湖流域品种的叶瘟和穗颈瘟进行鉴定，有 19 个品种的叶瘟抗性达到中抗以上，16 个品种穗颈瘟达到中抗，其中 9 个品种既抗叶瘟又抗穗颈瘟。"荔枝红"作为太湖流域著名的抗稻瘟病资源，在日本早期的抗稻瘟育种中得到利用。

4. 根据特色划分

（1）香稻。太湖流域稻种资源中香稻较多，既有香型粳稻，也有香型糯稻。粳稻有昆山的"白香粳"、宜兴的"黑香粳"、武进的"黑种"、嘉定的"黑血糯"等，尤以昆山的"白香粳"为佳，直链淀粉含量在 10% 左右，糊化温度低，胶稠

度软，米饭清香柔韧，为米中佳品。糯稻中香稻更多，如吴县的"香芝糯"、常熟的"香珠糯"、武进的"红芒香粳糯"，而品质最佳的是"苏御糯"，其米粒大，色泽雪白，香味浓郁纯正，米饭口感特佳，至今仍在种植。

（2）有色稻。此类稻米皮为红、紫红或深黑色，如常熟的"鸭血糯"色泽如鸭血。"御田胭脂稻"米皮为红色，文献记载为名贵稻米品种，其营养价值高，有补血养生之功效，曾被列为皇宫内膳"御米"。现常用于制作酒酿、粉圆子、八宝饭、红米酥、米粉等食品，传统名点"血糯八宝饭"及"炒血糯"在江南一带享有盛誉，因其香甜可口，营养丰富，被列入国际菜谱。

二、苏州大米地方稻种资源的保存技术

农作物种质资源保护主要包括收集、保存、评价和利用等四个方面。根据保存方法的不同一般分为原生境保存和非原生境保存。原生境保存包括建立农作物种质资源保护区和保护地，主要针对植物多样性中心、重要农作物野生种及野生近缘植物。非原生境保存包括建立各种类型的种质库、种质圃及试管苗库，即入库保存、入圃保存和离体（试管）保存。入库保存指通过建立种子低温库进行种子保存，种子低温库分为长期库、中期库和短期库。入圃保存指建立种植保存圃进行种植保存。离体（试管）保存指对植物的器官、组织、细胞或原生质体、基因组 DNA 等进行保存，一般用于保存特异资源和重要无性繁殖作物。

科学的保存手段是维持种质资源数量和质量安全稳定的基础。为保持苏州地方粳稻资源的遗传完整性和种子质量，使其长期、稳定、安全、有效地保存和利用，以种植保存与种子低温保存相结合为原则，相关部门创新集成了种子保存技术体系，制定了苏州大米地方稻种的繁殖更新程序、苏州大米地方特色稻种资源种植保存和原种繁殖程序及苏州大米地方稻种低温保存程序，保障地方品种的优良种性在

世代间的稳定遗传。

（一）苏州大米地方稻种资源繁殖更新程序

对于一般地方品种种质，以低温中长期保存为主，辅助田间种植对低温保存的种子扩繁补充。一般扩繁更新程序如下：

1. 地点选择

选择地势平坦、地力均匀、形状规整、排灌方便的田块；要求远离污染源，无人畜侵扰，附近无高大建筑物；避开病虫害多发区、重发区和检疫对象发生区；土质应具有当地水稻土壤代表性。

2. 种子准备

（1）核对种质。核对种质名称、编号、种子特征。

（2）发芽率抽测。按照10%～15%的抽样比例，抽样检测种子发芽率。

（3）播种量。根据抽测发芽率和更新群体确定。

（4）分装编号。按种质类型进行分类、登记、分装和编号，每份种质一个编号，并在整个繁殖更新过程中保持不变。

3. 播种育秧

（1）浸种催芽、浸种消毒。如需要，使用温室、培养箱等设备催芽。

（2）播种。根据种质的光温性、熟期性等特性适时播种。按编号顺序每份种质播一个小区，稀播匀播，并插编号牌；各小区间充分隔开，覆盖无纺布，避免种子错位和混杂。

（3）育秧。按当地生产的育秧方法可采用水育秧、基质育秧和旱育秧，培育壮秧。

4. 移栽

（1）绘制种植示意图。图中标明南北方向、小区排列顺序、小区号、小区行数

和人行道。

（2）确定移栽规格。适宜秧龄适时移栽，单本栽插；行株距采用当地大田生产的移栽规格。

（3）确定有效群体。每个地方稻种资源应不少于150株、其余类型不少于100株，指每小区剔除四周边行后的收获株数。

（4）小区设置。根据群体大小、移栽密度确定小区面积，采用顺序排列，留操作走道，设保护行。

（5）查苗补苗。移栽返青后及早查苗补缺。

5. 田间管理

（1）施肥水平。地方品种少施肥或不施肥。

（2）栽培措施。按当地生产的管理方法，做好田间水管理、病虫草害防治、鼠雀害防治等措施。高秆、软秆品种做好防倒处理。

6. 田间去杂

（1）去杂时期。秧苗期、分蘖期、抽穗期和黄熟期。

（2）去杂方法。群体内异质个体的数量极少，其抽穗期、株型、穗型、粒型性状明显区别于主体类型，对这类异质个体则当作杂株拔除。

7. 核对性状

核对繁殖更新材料的株型、叶型、穗型、粒型及茎、叶、颖色泽等性状是否具有原种质的特征特性；对不符合原种质性状的材料应查明原因，及时纠正。

8. 收获、脱粒和干燥

（1）收获。适时收获。每小区剔除四周边行后全部收获；按材料单收、单晾晒。

（2）脱粒。每份材料脱粒前，须清扫干净脱粒场地、机械、用具等，严防混杂；按材料单脱粒、单装袋；种子袋标签编号须与田间小区编号一致，袋内外各附标签，避免写（挂）错标签。

（3）干燥。脱粒装袋后及时晾晒，防止发热霉变、鼠雀为害。

（4）清选。去除瘪谷、病虫粒和泥沙等杂质。

9. 种子核对和包装

（1）整理。按材料编号顺序整理和登记，核对编号。

（2）核对。对照标本和种质目录核对种质。

（3）分装。根据入库种子需求量，用锡箔纸袋分装和称重。

10. 清单编写和质量检查

（1）清单编写。清单包括田间小区号（繁殖更新的种质编号）、库编号、种质名称、繁殖单位、繁殖地点、繁殖时间、种子量等。

（2）质量检查。检测纯度、净度、水分和发芽率等。

（二）苏州大米地方特色稻种资源种植保存和原种繁殖程序

对于苏州大米地方特色稻种资源的保存和原种繁殖，采取株系（行）循环繁殖法，通过建立株系（行）循环圃为核心的种质资源保存圃，在淘汰不一致株系（行）及其他异形株后，分株系（行）收获株系（行）种，余下种子混收为核心种，次季将核心种种植于基础种子田繁殖基础种子，再次季将基础种子种植于原种田繁殖原种，株系（行）种子一分为二，一份用于次季种植株系（行）循环圃，一份烘干密封包装后放入种子超低温储存箱保存。每个品种一般种植保存 20 ～ 50个株系（行），株系（行）循环圃面积一般为 50 ～ 100 平方米，每个株系（行）收获种子 1000 粒以上，平均分成两份，一份下季继续种植株系（行）循环圃，一份低温保存于种子超低温储存箱，同时每个品种繁殖核心种 10 千克以上。主要操作程序如图 1 所示：

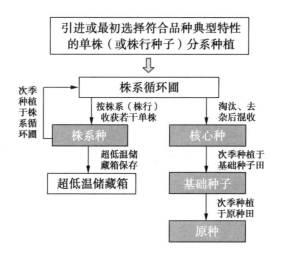

图1 苏州地方特色稻种资源种植保存及原种繁殖程序图

种植保存是农作物种质资源保存的重要手段，指通过种植繁殖，不断补充提高种质资源的数量和质量，保持种质资源种子（或繁殖器官）的生活力。种植保存必须通过科学的选择繁殖程序加以比较、筛选和淘汰，才能避免种质发生天然异交、自然变异和人为混杂，以保持品种原有的遗传特点和群体结构。地方特色稻种植保存采用了株系（行）循环繁殖法。株系（行）循环繁殖法是自花授粉作物原种生产常用的生产程序中的一种，通过建立株系（行）循环圃为核心的种质资源保存圃，可以保证品种繁殖加代过程中遗传的稳定性，主要包括个体（单株）选择繁殖株系（行）种、混合收获繁殖核心种、以核心种繁殖基础种子、以基础种子繁殖原种等生产步骤。将此方法应用于水稻地方种质资源的种植保存，可以保持地方种质遗传的稳定性。主要操作程序如下：

1. 株系（行）循环圃。本季株系（行）循环圃种子来源为上季度株系（行）循环圃收获的单株。

2. 田间设计。选择隔离条件优越、无检疫性病虫害、土壤肥力中上等、地力均匀一致、灌排方便、旱涝保收的田块。绘制田间种植图，各单株（株行）按编号顺序排列，分区种植。秧田每个单株（株行）各播一小区，小区间留走道；本田每个单株（株行）种植成一个小区，小区长方形，长宽比在 3∶1 左右，保证各小区面积、移栽时间、栽插密度一致，确保相同的营养面积，单本栽插，四周设同品种保护行（不少于 3 行）。田间隔离要求距离不少于 20 米，时间隔离要求扬花期错开 15 天以上。

3. 田间管理。播种前种子应经药剂处理。浸种、催芽、播种、移栽、肥水运筹、防病治虫等各项措施保持一致，在同一天完成。拔秧移栽时每个单株（株行）扎一只标牌，随秧苗运到本田，按照田图和编号顺序排秧栽插。

4. 观察记载。田间记载标准应固定专人负责，及时去除不一致（变异、混杂）的单株和株系（行），并做记录。记载标准见附录。

秧田期记载播种期、叶姿、叶色、整齐度等。

本田期分三阶段记载：分蘖期记载叶姿、叶色、叶鞘色、分蘖力、整齐度；抽穗期记载抽穗期、抽穗整齐度、株型、穗型、叶姿、叶色；成熟期记载成熟期、株高、株型、穗型、粒型、颖色、稃尖色、芒的有无、芒的长短、整齐度、抗倒力、熟期转色等。

5. DNA 指纹鉴定。为提高田间识别的准确性，单株或株系（行）选择时可同时辅助 DNA 指纹鉴定。以秧田期水稻叶片为 DNA 鉴定材料，按照《太湖流域稻种资源鉴定技术规程 SSR 标记法（草拟稿)》进行 DNA 指纹鉴定，从分子水平上淘汰不一致的单株或株系（行）。

6. 选择标准。当选株系（行）间相比抽穗期介于 1 天范围内，株高介于 1 厘米范围内；植株和穗型的整齐度好。采用 DNA 指纹鉴定，当选株系（行）间 DNA 指纹鉴定一致，性状表现整齐一致，具备地方稻的典型性。

7. 收获方法。

（1）确定当选株系（行）。收获前进行田间综合评定，当选株系（行）区确定后，先行收割保护行、淘汰株系（行），收割完再次逐一复核当选株系（行）。

（2）收获株系（行）种。每个株行选择1～2个单株收获，具体数量参照下季计划的株系（行）循环圃面积而定，一般不少于20个单株，分别编号、脱粒、干燥、装袋、收藏。

（3）收获核心种。将生育各株行种子混合收割、脱粒、贮藏，为核心种。种子须严防鼠虫为害及霉变。

8. 基础种子和原种生产。次季将核心种种植于基础种子田，进一步扩繁基础种子，再次季将基础种子种植于原种田，繁殖原种。基础种子田和原种繁殖田应按照生产程序，加强去杂去劣，确保防杂保纯措施到位。

（三）苏州大米地方稻种资源种子低温保存程序

低温保存能够避免种质资源在种植保存过程中因天然异交、选择漂变和生态环境变化等引起遗传变异，导致原有性状发生改变。株系（行）种包装后放入超低温储存箱中低温保存。保存了一定年限的种子因种子活力逐渐丧失，发芽率降低，需要进行种植保存，并对低温保存的种子数量进行补充。

1. 保存年限。5 年。

2. 种子数量。普通地方种质每个品种保存 1000 粒以上种子。地方特色品种资源，每个品种保存 20 个以上株系（行），每个株系（行）有 500 粒以上种子。

3. 种子质量。入箱种子水分 12% 以下，发芽率 90% 以上，纯度和净度 100%。

4. 种子包装。用锡箔袋抽真空密封包装。

5. 种子袋标签。注明品种名称、生产年限、入箱时间、株系（行）数量、株系（行）编号、每个株系（行）种子数量等。

6. 超低温储存箱温度设定。设置为 – 20 ℃ ± 2 ℃。

7. 日常管理。按要求做好超低温储存箱的检查和维护，确保运转正常。

8. 档案记录。做好超低温保存种子的档案记录，包括保存品种、生产年限、入箱时间、株系（行）数量、株系（行）编号、每个株系（行）种子数量及变更情况等。

附录 田间记载项目和室内考种方法

1 生育期

1.1 播种期：播种的日期（以"月/日"表示，下同）。

1.2 移栽期：移栽的日期。

1.3 抽穗期：50% 植株穗顶（不连芒）露出叶鞘的日期。

1.4 成熟期：粳稻 95% 以上谷粒黄熟，籼稻 85% 以上谷粒黄熟，米质坚实，可以收获的日期。

2 形态特征

2.1 叶姿：分直挺、中等、披垂三级。披垂指叶片由茎部起弯垂超过半圆形；直挺指叶片直生挺立；中等指介于披垂与直挺之间。

2.2 叶色：分浓绿、中绿、淡绿，于分蘖盛期记载。

2.3 叶鞘色：分绿、淡红、红、紫色，于分蘖盛期记载。

2.4 株型：目测茎秆集散度，分紧凑、适中、松散。

2.5 穗型：

（1）目测小穗与枝梗及枝梗之间的密集程度，分密穗型、半密穗型、疏穗型。

（2）目测穗的弯曲程度，分直立穗型、半直立穗型、弯穗型。

2.6　粒型：目测，分短圆型、阔卵型、椭圆型、细长型。

2.7　芒：

（1）目测芒长，分无芒（穗顶没有芒或芒极短）、顶芒（穗顶有芒，芒长在 10 mm 以下）、短芒（部分或全部小穗有芒，芒长在 10 ～ 15 mm）、长芒（部分或全部小穗有芒，芒长在 25 mm 以上）四种。

（2）目测芒色，分黄、红、紫色等。

2.8　颖色、稃尖色：目测，分黄、红、紫色等。

2.9　株高：以一穴之最高穗为准。从地面至穗顶端（不连芒），收获前田间测定，连续量 10 穴，以"cm"表示。

3　生物学特征

3.1　抗倒力：记载倒伏时间、原因、面积、程度。倒伏程度分直（植株与地面成 75 度至 90 度角）、斜（植株与地面成 45 度至 75 度角）、倒（植株与地面成 45 度以下角至穗顶部触地）、伏（植株贴地）；根据倒伏情况，对抗倒性进行评述，以"好"（伏、倒、斜总面积≤5%）、"中"（伏、倒、斜总面积 5% ～ 20%）、"差"（伏、倒、斜总面积在 20% 以上）表示。

3.2　分蘖力：目测比较，分强、中、弱三级。

3.3　抽穗整齐度：抽穗期目测，分整齐、中等、不整齐三级。

3.4　整齐度：目测植株间的整齐度，分整齐、中等、不整齐三级。

3.5　熟期转色：成熟期目测，根据叶片、茎秆、谷粒色泽，分好、中、差三级。

第二篇　苏州大米地方稻种资源评价

（一）黄稻

§1　黄壳早廿日

1　基本信息

1.1　种质编号

LV3205101。

1.2　种质名称

牛毛黄。

1.3　种质外文名

Huang Ke Zao Nian Ri。

1.4　科名

Gramineae（禾本科）。

1.5　属名

Oryza（稻属）。

1.6　学名

Oryza sativa L.（水稻）。

1.7　原产国

中国（China）。

1.8　原产省

江苏省（Jiangsu）。

1.9　原产地

江阴（Jiangyin）。

1.10　来源地

江苏省苏州市。

1.11　种质类型

地方品种。

1.12　图像

见彩插第1页。

1.13　观测地点

江苏省苏州市吴中区及昆山市。

2　形态特征和生物学特性

2.1　亚种类型

评价：1粳稻。

2.2　水旱性

评价：水稻。

2.3　黏糯性

评价：黏稻。

2.4　光温性

评价：早稻。

2.5　熟期性

评价：1 早熟。

2.6　播种期

20190601。

2.7　始穗期

20190822。

2.8　抽穗期

20190824。

2.9　齐穗期

20190826。

2.10　成熟期

20191015。

2.11　全生育期

137 d。

2.12　株高

107.9 cm，评价：5 中。

2.13　茎秆

茎秆长：86.7 cm。评价：5 中。

伸长节间数：5.0。

倒1节间长：41.9 cm。

倒2节间长：21.4 cm。

倒3节间长：13.1 cm。

倒4节间长：9.0 cm。

倒5节间长：6.7 cm。

2.14　穗长

21.2 cm，评价：5 中。

2.15　穗粒数

172.7，评价：5 中。

2.16　穗抽出度

11.8 cm，评价：1 抽出良好。

2.17　穗型

评价：5 中间型。

2.18　枝梗分布

评价：7 多中。

一次枝梗数：13.3。

一次枝梗颖花数：81.7。

二次枝梗数：30.3。

二次枝梗颖花数：91.0。

2.19　穗立形状

主茎穗弯曲度：40.8°。

评价：5 半直立。

2.20　谷粒长度

7.42 mm，评价：5 中。

2.21　谷粒宽度

3.90 mm，评价：7 宽。

2.22　谷粒厚度

2.33 mm。

2.23　谷粒形状

谷粒长宽比 = 1.90，评价：3 阔卵形。

2.24　糙米长度

5.54 mm，评价：5 中。

2.25　糙米宽度

3.20 mm，评价：5 中。

2.26　糙米厚度

2.11 mm。

2.27　糙米形状

糙米长宽比 = 1.73，评价：1 近圆形。

2.28　种皮色

评价：1 白色。

2.29　芽鞘色

评价：3 深紫色。

2.30　叶鞘色

评价：2 绿色。

2.31　叶片色

评价：4 浅绿色。

2.32　叶片卷曲度

评价：2 正卷（叶片的两边向下弯曲）。

2.33　剑叶长度

28.8 cm，评价：5 中。

2.34　剑叶宽度

1.1 cm，评价：5 中。

2.35　剑叶出叶角

13.8°，评价：1 直立。

2.36　倒二叶长度

34.2 cm，评价：3 短。

2.37　倒二叶宽度

0.9 cm，评价：1 窄。

2.38　倒二叶出叶角

17.3°，评价：1 直立。

2.39　叶耳颜色

评价：2 黄色。

2.40　叶舌颜色

评价：2 白色。

2.41　叶枕颜色

评价：1 绿色。

2.42　叶节颜色

评价：2 绿色。

2.43　茎秆角度

20.0°，评价：1 直立。

2.44　茎秆节的颜色

评价：1 浅绿色。

2.45　茎秆节间色

评价：2 绿色。

2.46　茎秆茎节包露

评价：1 包。

2.47　茎秆粗细

3.40 mm，评价：5 中。

2.48　茎基粗

5.10 mm，评价：5 中。

2.49　分蘖力

评价：5 中。

2.50　倒伏性

评价：5 斜。

2.51　芒长

4.3 cm，评价：7 长。

2.52　芒色

评价：3 黄色。

2.53　芒分布

评价：9 多。

2.54　护颖色

评价：1 黄色。

2.55　护颖长短

1.5 mm，评价：3 中。

2.56　颖尖色

评价：1 黄色。

2.57　颖色

评价：1 黄色。

2.58　颖毛

2.59　落粒性

评价：5 中。

3　经济性状特性

3.1　有效穗数

11.1，评价：7 中。

3.2　每穗粒数

99.6，评价：5 中。

3.3　结实率

90.5%，评价：9 极高。

3.4　千粒重

30.0 g，评价：7 高。

§2　飞来凤

1　基本信息

1.1　种质编号

LV3205105。

1.2　种质名称

飞来凤。

1.3　种质外文名

Fei Lai Feng。

1.4 科名

Gramineae（禾本科）。

1.5 属名

Oryza（稻属）。

1.6 学名

Oryza sativa L.（水稻）。

1.7 原产国

中国（China）。

1.8 原产省

江苏省（Jiangsu）。

1.9 来源地

江苏省苏州市。

1.10 种质类型

地方品种。

1.11 图像

见彩插第2页。

1.12 观测地点

江苏省苏州市吴中区及昆山市。

2 形态特征和生物学特性

2.1 亚种类型

评价：1 粳稻。

2.2 水旱性

评价：1 水稻。

2.3 黏糯性

评价：1 黏稻。

2.4 光温性

评价：2 中稻。

2.5 熟期性

评价：2 中熟。

2.6 播种期

20190601。

2.7 始穗期

20190906。

2.8 抽穗期

20190908。

2.9 齐穗期

20190910。

2.10 成熟期

20191030。

2.11 全生育期

152 d。

2.12 株高

126.9 cm，评价：7 中高。

2.13 茎秆

茎秆长：104.4 cm。评价：7 中长。

伸长节间数：5.6。

倒1节间长：37.5 cm。

倒2节间长：22.8 cm。

倒3节间长：22.4 cm。

倒4节间长：13.6 cm。

倒5节间长：7.6 cm。

倒6节间长：1.3 cm。

2.14　穗长

22.4 cm，评价：5 中。

2.15　穗粒数

130.3，评价：5 中。

2.16　穗抽出度

9.1 cm，评价：1 抽出良好。

2.17　穗型

评价：5 中间型。

2.18　枝梗

评价：5 少。

一次枝梗数：13.0。

一次枝梗颖花数：69.3。

二次枝梗数：21.7。

二次枝梗颖花数：61.0。

2.19　穗立形状

主茎穗弯曲度：76.3°。

评价：7 弯曲。

2.20　谷粒长度

7.10 mm，评价：5 中。

2.21　谷粒宽度

3.50 mm，评价：7 宽。

2.22　谷粒厚度

2.09 mm。

2.23　谷粒形状

谷粒长宽比 = 2.03，评价：3 阔卵形。

2.24　糙米长度

5.24 mm，评价：1 短。

2.25　糙米宽度

2.84 mm，评价：5 中。

2.26　糙米厚度

1.99 mm。

2.27　糙米形状

糙米长宽比 = 1.85，评价：3 椭圆形。

2.28　种皮色

评价：1 白色。

2.29　芽鞘色

评价：3 深紫色。

2.30 叶鞘色

评价：2 绿色。

2.31 叶片色

评价：5 绿色。

2.32 叶片卷曲度

评价：2 正卷（叶片的两边向下弯曲）。

2.33 剑叶长度

28.8 cm，评价：5 中。

2.34 剑叶宽度

1.2 cm，评价：5 中。

2.35 剑叶出叶角

29.8°，评价：5 中间型。

2.36 倒二叶长度

41.4 cm，评价：5 中。

2.37 倒二叶宽度

1.1 cm，评价：5 中。

2.38 倒二叶出叶角

35.8°，评价：1 直立。

2.39 叶耳颜色

评价：2 黄色。

2.40 叶舌颜色

评价：2 白色。

2.41 叶枕颜色

评价：1 绿色。

2.42 叶节颜色

评价：1 无（白）色。

2.43 茎秆角度

35.0°，评价：3 中间型。

2.44 茎秆节的颜色

评价：1 浅绿色。

2.45 茎秆节间色

评价：2 绿色。

2.46 茎秆茎节包露

评价：2 露。

2.47 茎秆粗细

6.70 mm，评价：9 粗。

2.48 茎基粗

7.00 mm，评价：9 粗。

2.49 分蘖力

评价：5 中。

2.50 倒伏性

评价：5 斜。

2.51 芒长

评价：1 无。

2.52 护颖色

评价：1 黄色。

2.53 护颖长短

4.5 mm，评价：5 长。

2.54 颖尖色

评价：1 黄色。

2.55 颖色

评价：1 黄色。

2.56 落粒性

评价：3 低。

3 经济性状特性

3.1 有效穗数

13.3，评价：7 中。

3.2 每穗粒数

74.8，评价：3 少。

3.3 结实率

95.7%，评价：9 极高。

3.4 千粒重

26.5 g，评价：5 中。

§3 牛毛黄

1 基本信息

1.1 种质编号

LV3205106。

1.2 种质名称

牛毛黄。

1.3 种质外文名

Niu Mao Huang。

1.4 科名

Gramineae（禾本科）。

1.5 属名

Oryza（稻属）。

1.6 学名

Oryza sativa L.（水稻）。

1.7 原产国

中国（China）。

1.8 原产省

江苏省（Jiangsu）。

1.9 来源地

江苏省苏州市。

1.10 种质类型

地方品种。

1.11 图像

见彩插第 3 页。

1.12 观测地点

江苏省苏州市吴中区及昆山市。

2　形态特征和生物学特性

2.1　亚种类型

评价：1 粳稻。

2.2　水旱性

评价：1 水稻。

2.3　黏糯性

评价：1 黏稻。

2.4　光温性

评价：3 晚稻。

2.5　熟期性

评价：3 晚熟。

2.6　播种期

20190601。

2.7　始穗期

20190912。

2.8　抽穗期

20190914。

2.9　齐穗期

20190916。

2.10　成熟期

20191105。

2.11　全生育期

158 d。

2.12　株高

146.9 cm，评价：9 高。

2.13　茎秆

茎秆长：125.1 cm。评价：9 长。

伸长节间数：6.5。

倒 1 节间长：43.0 cm。

倒 2 节间长：29.1 cm。

倒 3 节间长：21.4 cm。

倒 4 节间长：16.5 cm。

倒 5 节间长：11.3 cm。

倒 6 节间长：3.6 cm。

倒 7 节间长：1.9 cm。

2.14　穗长

21.9 cm，评价：5 中。

2.15　穗粒数

156.3，评价：5 中。

2.16　穗抽出度

12.1 cm，评价：1 抽出良好。

2.17　穗型

评价：5 中间型。

2.18　枝梗分布

评价：7 多。

一次枝梗数：10.7。

一次枝梗颖花数：58.8。

二次枝梗数：31.2。

二次枝梗颖花数：97.5。

2.19 穗立形状

主茎穗弯曲度：60.8°。

评价：7 弯曲。

2.20 谷粒长度

7.13 mm，评价：5 中。

2.21 谷粒宽度

3.66 mm，评价：7 宽。

2.22 谷粒厚度

2.14 mm。

2.23 谷粒形状

谷粒长宽比 = 1.95，评价：3 阔卵形。

2.24 糙米长度

5.30 mm，评价：1 短。

2.25 糙米宽度

3.30 mm，评价：9 宽。

2.26 糙米厚度

1.73 mm。

2.27 糙米形状

糙米长宽比 = 1.61，评价：1 近圆形。

2.28 种皮色

评价：1 白色。

2.29 芽鞘色

评价：3 深紫色。

2.30 叶鞘色

评价：2 绿色。

2.31 叶片色

评价：4 浅绿色。

2.32 叶片卷曲度

评价：2 正卷（叶片的两边向下弯曲）。

2.33 剑叶长度

32.0 cm，评价：5 中。

2.34 剑叶宽度

1.5 cm，评价：5 中。

2.35 剑叶出叶角

30.0°，评价：5 中间型。

2.36 倒二叶长度

44.3 cm，评价：5 中。

2.37 倒二叶宽度

1.2 cm，评价：5 中。

2.38 倒二叶出叶角

33.0°，评价：1 直立。

2.39　叶耳颜色

评价：2 黄色。

2.40　叶舌颜色

评价：2 白色。

2.41　叶枕颜色

评价：1 绿色。

2.42　叶节颜色

评价：1 无（白）色。

2.43　茎秆角度

12.5°，评价：1 直立。

2.44　茎秆节的颜色

评价：1 浅绿色。

2.45　茎秆节间色

评价：1 黄色。

2.46　茎秆茎节包露

评价：1 包。

2.47　茎秆粗细

5.35 mm，评价：5 中。

2.48　茎基粗

6.80 mm，评价：5 中。

2.49　分蘖力

评价：5 中。

2.50　倒伏性

评价：5 斜。

2.51　芒长

评价：1 无。

2.52　护颖色

评价：1 黄色。

2.53　护颖长短

2.0 mm，评价：3 中。

2.54　颖尖色

评价：3 褐色。

2.55　颖色

评价：3 褐色。

2.56　落粒性

评价：3 低。

3　经济性状特性

3.1　有效穗数

10.3，评价：7 中。

3.2　每穗粒数

105.1，评价：5 中。

3.3　结实率

92.5%，评价：9 极高。

3.4　千粒重

29.2 g，评价：7 高。

§4 老虎稻

1 基本信息

1.1 种质编号

LV3205111。

1.2 种质名称

老虎稻，又名"老虎种"。

1.3 种质外文名

Lao Hu Dao。

1.4 科名

Gramineae（禾本科）。

1.5 属名

Oryza（稻属）。

1.6 学名

Oryza sativa L.（水稻）。

1.7 原产国

中国（China）。

1.8 原产省

江苏省（Jiangsu）。

1.9 来源地

江苏省苏州市。

1.10 种质类型

地方品种。

1.11 图像

见彩插第4页。

1.12 观测地点

江苏省苏州市吴中区及昆山市。

2 形态特征和生物学特性

2.1 亚种类型

评价：1 粳稻。

2.2 水旱性

评价：1 水稻。

2.3 黏糯性

评价：1 黏稻。

2.4 光温性

评价：3 晚稻。

2.5 熟期性

评价：3 晚熟。

2.6 播种期

20190601。

2.7 始穗期

20190914。

2.8 抽穗期

20190915。

2.9 齐穗期

20190917。

2.10 成熟期

20191106。

2.11　全生育期

159 d。

2.12　株高

129.7 cm，评价：5 中高。

2.13　茎秆

茎秆长：106.9 cm。评价：5 中长。

伸长节间数：5.9。

倒 1 节间长：45.3 cm。

倒 2 节间长：26.8 cm。

倒 3 节间长：18.1 cm。

倒 4 节间长：12.9 cm。

倒 5 节间长：5.8 cm。

倒 6 节间长：5.6 cm。

2.14　穗长

15.5 cm，评价：3 短。

2.15　穗粒数

154.7，评价：5 中。

2.16　穗抽出度

8.6 cm，评价：1 抽出良好。

2.17　穗型

评价：5 中间型。

2.18　枝梗分布

评价：7 多。

一次枝梗数：12.7。

一次枝梗颖花数：72.0。

二次枝梗数：26.6。

二次枝梗颖花数：82.7。

2.19　穗立形状

主茎穗弯曲度：63.8°。

评价：7 弯曲。

2.20　谷粒长度

7.30 mm，评价：5 中。

2.21　谷粒宽度

3.54 mm，评价：7 宽。

2.22　谷粒厚度

2.22 mm。

2.23　谷粒形状

谷粒长宽比 = 2.06，评价：3 阔卵形。

2.24　糙米长度

5.48 mm，评价：1 短。

2.25　糙米宽度

3.06 mm，评价：5 中。

2.26　糙米厚度

1.96 mm。

2.27　糙米形状

糙米长宽比 = 1.79，评价：1 近圆形。

2.28　种皮色

评价：1 白色。

2.29　芽鞘色

评价：3 深紫色。

2.30　叶鞘色

评价：2 绿色。

2.31　叶片色

评价：4 浅绿色。

2.32　叶片卷曲度

评价：2 正卷（叶片的两边向下弯曲）。

2.33　剑叶长度

36.3 cm，评价：7 长。

2.34　剑叶宽度

1.2 cm，评价：5 中。

2.35　剑叶出叶角

34.8°，评价：5 中间型。

2.36　倒二叶长度

45.8 cm，评价：5 中。

2.37　倒二叶宽度

1.0 cm，评价：5 中。

2.38　倒二叶出叶角

30.8°，评价：1 直立。

2.39　叶耳颜色

评价：2 黄色。

2.40　叶舌颜色

评价：2 白色。

2.41　叶枕颜色

评价：1 绿色。

2.42　叶节颜色

评价：1 无（白）色。

2.43　茎秆角度

15.0°，评价：1 直立。

2.44　茎秆节的颜色

评价：1 浅绿色。

2.45　茎秆节间色

评价：1 黄色。

2.46　茎秆茎节包露

评价：1 包。

2.47　茎秆粗细

7.00 mm，评价：5 中。

2.48　茎基粗

7.10 mm，评价：5 中。

2.49　分蘖力

评价：5 中。

2.50　倒伏性

评价：5 斜。

2.51　芒长

评价：1 无。

2.52　护颖色

评价：1 黄色。

2.53　护颖长短

2.5 mm，评价：3 中。

2.54　颖尖色

评价：1 黄色。

2.55　颖色

评价：1 黄色。

2.56　落粒性

评价：3 低。

3　经济性状特性

3.1　有效穗数

13.5，评价：7 中。

3.2　每穗粒数

69.8，评价：3 少。

3.3　结实率

81.9%，评价：7 高。

3.4　千粒重

27.0 g，评价：5 中。

§5　三千穗

1　基本信息

1.1　种质编号

LV3205112。

1.2　种质名称

三千穗。

1.3　种质外文名

San Qian Sui。

1.4　科名

Gramineae（禾本科）。

1.5　属名

Oryza（稻属）。

1.6　学名

Oryza sativa L.（水稻）。

1.7　原产国

中国（China）。

1.8　原产省

江苏省（Jiangsu）。

1.9　来源地

江苏省苏州市。

1.10　种质类型

地方品种。

1.11 图像

见彩插第 5 页。

1.12 观测地点

江苏省苏州市吴中区及昆山市。

2 形态特征和生物学特性

2.1 亚种类型

评价：1 粳稻。

2.2 水旱性

评价：1 水稻。

2.3 黏糯性

评价：1 黏稻。

2.4 光温性

评价：3 晚稻。

2.5 熟期性

评价：3 晚熟。

2.6 播种期

20190601。

2.7 始穗期

20190913。

2.8 抽穗期

20190915。

2.9 齐穗期

20190916。

2.10 成熟期

20191105。

2.11 全生育期

158 d。

2.12 株高

138.5 cm，评价：9 高。

2.13 茎秆

茎秆长：114.7 cm。评价：9 长。

伸长节间数：5.5。

倒 1 节间长：45.3 cm。

倒 2 节间长：26.7 cm。

倒 3 节间长：21.3 cm。

倒 4 节间长：14.8 cm。

倒 5 节间长：6.2 cm。

倒 6 节间长：1.4 cm。

2.14 穗长

23.9 cm，评价：5 中。

2.15 穗粒数

169.2，评价：5 中。

2.16 穗抽出度

10.3 cm，评价：1 抽出良好。

2.17 穗型

评价：5 中间型。

2.18　枝梗分布

评价：7 多。

一次枝梗数：13.0。

一次枝梗颖花数：72.3。

二次枝梗数：31.5。

二次枝梗颖花数：96.8。

2.19　穗立形状

主茎穗弯曲度：62.8°。

评价：7 弯曲。

2.20　谷粒长度

6.70 mm，评价：5 中。

2.21　谷粒宽度

3.65 mm，评价：7 宽。

2.22　谷粒厚度

2.21 mm。

2.23　谷粒形状

谷粒长宽比 = 1.84，评价：3 阔卵形。

2.24　糙米长度

5.04 mm，评价：1 短。

2.25　糙米宽度

3.24 mm，评价：9 宽。

2.26　糙米厚度

1.99 mm。

2.27　糙米形状

糙米长宽比 = 1.56，评价：1 近圆形。

2.28　种皮色

评价：1 白色。

2.29　芽鞘色

评价：3 深紫色。

2.30　叶鞘色

评价：2 绿色。

2.31　叶片色

评价：4 浅绿色。

2.32　叶片卷曲度

评价：2 正卷（叶片的两边向下弯曲）。

2.33　剑叶长度

36.4 cm，评价：7 长。

2.34　剑叶宽度

1.5 cm，评价：5 中。

2.35　剑叶出叶角

25.7°，评价：5 中间型。

2.36　倒二叶长度

46.2 cm，评价：5 中。

2.37　倒二叶宽度

1.2 cm，评价：5 中。

2.38　倒二叶出叶角

36.0°，评价：1 直立。

2.39　叶耳颜色

评价：2 黄色。

2.40　叶舌颜色

评价：2 白色。

2.41　叶枕颜色

评价：1 绿色。

2.42　叶节颜色

评价：2 绿色。

2.43　茎秆角度

10.0°，评价：1 直立。

2.44　茎秆节的颜色

评价：1 浅绿色。

2.45　茎秆节间色

评价：2 绿色。

2.46　茎秆茎节包露

评价：1 包。

2.47　茎秆粗细

6.65 mm，评价：9 粗。

2.48　茎基粗

7.80 mm，评价：9 粗。

2.49　分蘖力

评价：5 中。

2.50　倒伏性

评价：5 斜。

2.51　芒长

评价：1 无。

2.52　护颖色

评价：1 黄色。

2.53　护颖长短

2.5 mm，评价：3 中。

2.54　颖尖色

评价：1 黄色。

2.55　颖色

评价：1 黄色。

2.56　落粒性

评价：3 低。

3　经济性状特性

3.1　有效穗数

11.3，评价：7 中。

3.2　每穗粒数

82.8，评价：5 中。

3.3　结实率

92.0%，评价：9 极高。

3.4　千粒重

27.1 g，评价：5 中。

§6　大黄稻

1　基本信息

1.1　种质编号

LV3205113。

1.2　种质名称

大黄稻。

1.3　种质外文名

Da Huang Dao。

1.4　科名

Gramineae（禾本科）。

1.5　属名

Oryza（稻属）。

1.6　学名

Oryza sativa L.（水稻）。

1.7　原产国

中国（China）。

1.8　原产省

江苏省（Jiangsu）。

1.9　来源地

江苏省苏州市。

1.10　种质类型

地方品种。

1.11　图像

见彩插第 6 页。

1.12　观测地点

江苏省苏州市吴中区及昆山市。

2　形态特征和生物学特性

2.1　亚种类型

评价：1 粳稻。

2.2　水旱性

评价：1 水稻。

2.3　黏糯性

评价：1 黏稻。

2.4　光温性

评价：2 中稻。

2.5　熟期性

评价：2 中熟。

2.6　播种期

20190601。

2.7　始穗期

20190905。

2.8　抽穗期

20190908。

2.9 齐穗期

20190911。

2.10 成熟期

20191031。

2.11 全生育期

153 d。

2.12 株高

141.8 cm，评价：9 高。

2.13 茎秆

茎秆长：116.8 cm。评价：9 长。

伸长节间数：5.7。

倒 1 节间长：46.0 cm。

倒 2 节间长：26.9 cm。

倒 3 节间长：21.3 cm。

倒 4 节间长：15.8 cm。

倒 5 节间长：6.4 cm。

倒 6 节间长：2.0 cm。

2.14 穗长

25.1 cm，评价：5 中。

2.15 穗粒数

216.0，评价：7 多。

2.16 穗抽出度

10.0 cm，评价：1 抽出良好。

2.17 穗型

评价：1 密集。

2.18 枝梗分布

评价：7 多。

一次枝梗数：15.3。

一次枝梗颖花数：83.0。

二次枝梗数：38.0。

二次枝梗颖花数：133.0。

2.19 穗立形状

主茎穗弯曲度：66.3°。

评价：7 弯曲。

2.20 谷粒长度

7.03 mm，评价：5 中。

2.21 谷粒宽度

3.44 mm，评价：5 中。

2.22 谷粒厚度

2.19 mm。

2.23 谷粒形状

谷粒长宽比 = 2.04，评价：3 阔卵形。

2.24 糙米长度

5.22 mm，评价：1 短。

2.25 糙米宽度

3.26 mm，评价：9 宽。

2.26 糙米厚度

2.08 mm。

2.27 糙米形状

糙米长宽比 = 1.60，评价：1 近圆形。

2.28 种皮色

评价：1 白色。

2.29 芽鞘色

评价：3 深紫色。

2.30 叶鞘色

评价：2 绿色。

2.31 叶片色

评价：4 浅绿色。

2.32 叶片卷曲度

评价：1 不卷或卷度很小。

2.33 剑叶长度

31.8 cm，评价：5 中。

2.34 剑叶宽度

1.5 cm，评价：5 中。

2.35 剑叶出叶角

33.3°，评价：5 中间型。

2.36 倒二叶长度

45.6 cm，评价：5 中。

2.37 倒二叶宽度

1.3 cm，评价：5 中。

2.38 倒二叶出叶角

38.8°，评价：1 直立。

2.39 叶耳颜色

评价：2 黄色。

2.40 叶舌颜色

评价：2 白色。

2.41 叶枕颜色

评价：1 绿色。

2.42 叶节颜色

评价：2 绿色。

2.43 茎秆角度

10.0°，评价：1 直立。

2.44 茎秆节的颜色

评价：1 浅绿色。

2.45 茎秆节间色

评价：2 绿色。

2.46 茎秆茎节包露

评价：1 包。

2.47 茎秆粗细

7.00 mm，评价：9 粗。

2.48　茎基粗

7.85 mm，评价：9 粗。

2.49　分蘖力

评价：5 中。

2.50　倒伏性

评价：5 斜。

2.51　芒长

评价：1 无。

2.52　护颖色

评价：1 黄色。

2.53　护颖长短

2.0 mm，评价：3 中。

2.54　颖尖色

评价：1 黄色。

2.55　颖色

评价：1 黄色。

2.56　落粒性

评价：5 中。

3　经济性状特性

3.1　有效穗数

10.7，评价：7 中。

3.2　每穗粒数

87.4，评价：5 中。

3.3　结实率

94.7%，评价：9 极高。

3.4　千粒重

27.0 g，评价：5 中。

§7　小黄稻

1　基本信息

1.1　种质编号

LV3205114。

1.2　种质名称

小黄稻。

1.3　种质外文名

Xiao Huang Dao。

1.4　科名

Gramineae（禾本科）。

1.5　属名

Oryza（稻属）。

1.6　学名

Oryza sativa L.（水稻）。

1.7　原产国

中国（China）。

1.8　原产省

江苏省（Jiangsu）。

1.9　原产地

吴江（Wujiang）。

1.10　来源地

江苏省苏州市。

1.11　种质类型

地方品种。

1.12　图像

见彩插第 7 页。

1.13　观测地点

江苏省苏州市吴中区及昆山市。

2　形态特征和生物学特性

2.1　亚种类型

评价：1 粳稻。

2.2　水旱性

评价：1 水稻。

2.3　黏糯性

评价：1 黏稻。

2.4　光温性

评价：2 中稻。

2.5　熟期性

评价：2 中熟。

2.6　播种期

20190601。

2.7　始穗期

20190903。

2.8　抽穗期

20190904。

2.9　齐穗期

20190906。

2.10　成熟期

20191025。

2.11　全生育期

147 d。

2.12　株高

133.2 cm，评价：9 高。

2.13　茎秆

茎秆长：111.0 cm。评价：9 长。

伸长节间数：5.9。

倒 1 节间长：39.5 cm。

倒 2 节间长：27.0 cm。

倒 3 节间长：18.3 cm。

倒 4 节间长：13.5 cm。

倒 5 节间长：7.6 cm。

倒 6 节间长：7.6 cm。

2.14　穗长

22.2 cm，评价：5 中。

2.15 穗粒数

172.3，评价：5 中。

2.16 穗抽出度

12.8 cm，评价：1 抽出良好。

2.17 穗型

评价：5 中间型。

2.18 枝梗分布

评价：7 多。

一次枝梗数：12.7。

一次枝梗颖花数：73.3。

二次枝梗数：30.0。

二次枝梗颖花数：99.0。

2.19 穗立形状

主茎穗弯曲度：57.8°。

评价：7 弯曲。

2.20 谷粒长度

7.10 mm，评价：5 中。

2.21 谷粒宽度

3.63 mm，评价：7 宽。

2.22 谷粒厚度

2.35 mm。

2.23 谷粒形状

谷粒长宽比 = 1.96，评价：3 阔卵形。

2.24 糙米长度

5.28 mm，评价：1 短。

2.25 糙米宽度

3.36 mm，评价：9 宽。

2.26 糙米厚度

2.05 mm。

2.27 糙米形状

糙米长宽比 = 1.57，评价：1 近圆形。

2.28 种皮色

评价：1 白色。

2.29 芽鞘色

评价：3 深紫色。

2.30 叶鞘色

评价：2 绿色。

2.31 叶片色

评价：4 浅绿色。

2.32 叶片卷曲度

评价：2 正卷（叶片的两边向下弯曲）。

2.33 剑叶长度

30.5 cm，评价：5 中。

2.34　剑叶宽度

1.2 cm，评价：5 中。

2.35　剑叶出叶角

40.0°，评价：5 中间型。

2.36　倒二叶长度

42.9 cm，评价：5 中。

2.37　倒二叶宽度

1.1 cm，评价：5 中。

2.38　倒二叶出叶角

41.0°，评价：1 直立。

2.39　叶耳颜色

评价：2 黄色。

2.40　叶舌颜色

评价：2 白色。

2.41　叶枕颜色

评价：1 绿色。

2.42　叶节颜色

评价：2 绿色。

2.43　茎秆角度

15.0°，评价：1 直立。

2.44　茎秆节的颜色

评价：1 浅绿色。

2.45　茎秆节间色

评价：1 黄色。

2.46　茎秆茎节包露

评价：1 包。

2.47　茎秆粗细

6.70 mm，评价：9 粗。

2.48　茎基粗

6.80 mm，评价：9 粗。

2.49　分蘖力

评价：5 中。

2.50　倒伏性

评价：5 斜。

2.51　芒长

4.5 cm，评价：7 长。

2.52　芒色

评价：1 白色。

2.53　芒分布

评价：9 多。

2.54　护颖色

评价：1 黄色。

2.55　护颖长短

2.5 mm，评价：3 中。

2.56　颖尖色

评价：1 黄色。

2.57 颖色

评价：1 黄色。

2.58 落粒性

评价：3 低。

3 经济性状特性

3.1 有效穗数

13.4，评价：7 中。

3.2 每穗粒数

86.7，评价：5 中。

3.3 结实率

93.2%，评价：9 极高。

3.4 千粒重

27.8 g，评价：5 中。

§8 老黄稻

1 基本信息

1.1 种质编号

LV3205118。

1.2 种质名称

老黄稻。

1.3 种质外文名

Lao Huang Dao。

1.4 科名

Gramineae（禾本科）。

1.5 属名

Oryza（稻属）。

1.6 学名

Oryza sativa L.（水稻）。

1.7 原产国

中国（China）。

1.8 原产省

江苏省（Jiangsu）。

1.9 原产地

江阴（Jiangyin）。

1.10 来源地

江苏省苏州市。

1.11 种质类型

地方品种。

1.12 图像

见彩插第 8 页。

1.13 观测地点

江苏省苏州市吴中区及昆山市。

2 形态特征和生物学特性

2.1 亚种类型

评价：1 粳稻。

2.2 水旱性

评价：1 水稻。

2.3 黏糯性

评价：1 黏稻。

2.4 光温性

评价：1 早稻。

2.5 熟期性

评价：1 早熟。

2.6 播种期

20190601。

2.7 始穗期

20190822。

2.8 抽穗期

20190824。

2.9 齐穗期

20190827。

2.10 成熟期

20191018。

2.11 全生育期

140 d。

2.12 株高

122.3 cm，评价：7 中高。

2.13 茎秆

茎秆长：101.5 cm。评价：7 中长。

伸长节间数：5.7。

倒 1 节间长：43.7 cm。

倒 2 节间长：25.6 cm。

倒 3 节间长：16.6 cm。

倒 4 节间长：11.3 cm。

倒 5 节间长：4.3 cm。

倒 6 节间长：2.0 cm。

2.14 穗长

20.7 cm，评价：5 中。

2.15 穗粒数

160.0，评价：5 中。

2.16 穗抽出度

12.1 cm，评价：1 抽出良好。

2.17 穗型

评价：5 中间型。

2.18 枝梗分布

评价：7 多。

一次枝梗数：13.0。

一次枝梗颖花数：70.7。

二次枝梗数：29.0。

二次枝梗颖花数：89.3。

2.19 穗立形状

主茎穗弯曲度：48.5°。

评价：5 半直立。

2.20 谷粒长度

7.01 mm，评价：5 中。

2.21 谷粒宽度

3.84 mm，评价：7 宽。

2.22 谷粒厚度

2.43 mm。

2.23 谷粒形状

谷粒长宽比 = 1.83，评价：3 阔卵形。

2.24 糙米长度

5.18 mm，评价：1 短。

2.25 糙米宽度

3.32 mm，评价：9 宽。

2.26 糙米厚度

2.10 mm。

2.27 糙米形状

糙米长宽比 = 1.56，评价：1 近圆形。

2.28 种皮色

评价：1 白色。

2.29 芽鞘色

评价：3 深紫色。

2.30 叶鞘色

评价：1 浅黄色。

2.31 叶片色

评价：4 浅绿色。

2.32 叶片卷曲度

评价：2 正卷（叶片的两边向下弯曲）。

2.33 剑叶长度

29.6 cm，评价：5 中。

2.34 剑叶宽度

1.2 cm，评价：5 中。

2.35 剑叶出叶角

16.8°，评价：1 直立。

2.36 倒二叶长度

39.8 cm，评价：5 中。

2.37 倒二叶宽度

1.1 cm，评价：5 中。

2.38 倒二叶出叶角

27.8°，评价：1 直立。

2.39 叶耳颜色

评价：2 黄色。

2.40 叶舌颜色

评价：2 白色。

2.41 叶枕颜色

评价：1 绿色。

2.42　叶节颜色

评价：1 无（白）色。

2.43　茎秆角度

15.0°，评价：1 直立。

2.44　茎秆节的颜色

评价：1 浅绿色。

2.45　茎秆节间色

评价：1 黄色。

2.46　茎秆茎节包露

评价：1 包。

2.47　茎秆粗细

7.30 mm，评价：9 粗。

2.48　茎基粗

7.75 mm，评价：9 粗。

2.49　分蘖力

评价：5 中。

2.50　倒伏性

评价：7 倒。

2.51　芒长

5.0 cm，评价：7 长。

2.52　芒色

评价：3 黄色。

2.53　芒分布

评价：9 多。

2.54　护颖色

评价：1 黄色。

2.55　护颖长短

2.0 mm，评价：3 中。

2.56　颖尖色

评价：1 黄色。

2.57　颖色

评价：1 黄色。

2.58　落粒性

评价：3 低。

3　经济性状特性

3.1　有效穗数

13.4，评价：7 中。

3.2　每穗粒数

65.4，评价：5 中。

3.3　结实率

94.2%，评价：9 极高。

3.4　千粒重

30.3 g，评价：7 高。

§9　罗汉黄

1　基本信息

1.1　种质编号

LV3205121。

1.2　种质名称

罗汉黄。

1.3　种质外文名

Luo Han Huang。

1.4　科名

Gramineae（禾本科）。

1.5　属名

Oryza（稻属）。

1.6　学名

Oryza sativa L.（水稻）。

1.7　原产国

中国（China）。

1.8　原产省

江苏省（Jiangsu）。

1.9　原产地

吴江（Wujiang）。

1.10　来源地

江苏省苏州市。

1.11　种质类型

地方品种。

1.12　图像

见彩插第9页。

1.13　观测地点

江苏省苏州市吴中区及昆山市。

2　形态特征和生物学特性

2.1　亚种类型

评价：1粳稻。

2.2　水旱性

评价：1水稻。

2.3　黏糯性

评价：1黏稻。

2.4　光温性

评价：1早稻。

2.5　熟期性

评价：1早熟。

2.6　播种期

20190601。

2.7　始穗期

20190830。

2.8　抽穗期

20190831。

2.9　齐穗期

20190902。

2.10 成熟期

20191023。

2.11 全生育期

145 d。

2.12 株高

126.3 cm，评价：7 中高。

2.13 茎秆

茎秆长：102.5 cm。评价：7 中长。

伸长节间数：5.0。

倒 1 节间长：48.0 cm。

倒 2 节间长：26.3 cm。

倒 3 节间长：14.3 cm。

倒 4 节间长：10.6 cm。

倒 5 节间长：3.9 cm。

2.14 穗长

24.4 cm，评价：5 中。

2.15 穗粒数

142.0，评价：5 中。

2.16 穗抽出度

15.4 cm，评价：1 抽出良好。

2.17 穗型

评价：5 中间型。

2.18 枝梗分布

评价：5 少。

一次枝梗数：12.3。

一次枝梗颖花数：71.0。

二次枝梗数：23.7。

二次枝梗颖花数：71.0。

2.19 穗立形状

主茎穗弯曲度：48.5°。

评价：5 半直立。

2.20 谷粒长度

7.10 mm，评价：5 中。

2.21 谷粒宽度

4.10 mm，评价：7 宽。

2.22 谷粒厚度

2.42 mm。

2.23 谷粒形状

谷粒长宽比 = 1.73，评价：1 短圆形。

2.24 糙米长度

5.16 mm，评价：1 短。

2.25 糙米宽度

3.38 mm，评价：9 宽。

2.26 糙米厚度

2.14 mm。

2.27 糙米形状

糙米长宽比 = 1.53，评价：1 近圆形。

2.28 种皮色

评价：1 白色。

2.29 芽鞘色

评价：3 深紫色。

2.30 叶鞘色

评价：2 绿色。

2.31 叶片色

评价：4 浅绿色。

2.32 叶片卷曲度

评价：2 正卷（叶片的两边向下弯曲）。

2.33 剑叶长度

33.4 cm，评价：5 中。

2.34 剑叶宽度

1.1 cm，评价：5 中。

2.35 剑叶出叶角

22.5°，评价：5 中间型。

2.36 倒二叶长度

44.7 cm，评价：5 中。

2.37 倒二叶宽度

0.9 cm，评价：5 中。

2.38 倒二叶出叶角

22.0°，评价：1 直立。

2.39 叶耳颜色

评价：2 黄色。

2.40 叶舌颜色

评价：2 白色。

2.41 叶枕颜色

评价：1 绿色。

2.42 叶节颜色

评价：2 绿色。

2.43 茎秆角度

15.0°，评价：1 直立。

2.44 茎秆节的颜色

评价：1 浅绿色。

2.45 茎秆节间色

评价：2 绿色。

2.46 茎秆茎节包露

评价：1 包。

2.47 茎秆粗细

5.00 mm，评价：5 中。

2.48 茎基粗

6.40 mm，评价：5 中。

2.49 分蘖力

评价：5 中。

2.50 倒伏性

评价：5 斜。

2.51 芒长

1.5 cm，评价：5 中。

2.52 芒色

评价：3 黄色。

2.53 芒分布

评价：9 多。

2.54 护颖色

评价：1 黄色。

2.55 护颖长短

1.50 mm，评价：3 中。

2.56 颖尖色

评价：1 黄色。

2.57 颖色

评价：1 黄色。

2.58 落粒性

评价：3 低。

3 经济性状特性

3.1 有效穗数

12.9，评价：7 中。

3.2 每穗粒数

107.7，评价：5 中。

3.3 结实率

93.6%，评价：9 极高。

3.4 千粒重

28.1 g，评价：5 中。

§10 洋稻

1 基本信息

1.1 种质编号

LV3205127。

1.2 种质名称

洋稻。

1.3 种质外文名

Yang Dao。

1.4 科名

Gramineae（禾本科）。

1.5 属名

Oryza（稻属）。

1.6 学名

Oryza sativa L.（水稻）。

1.7 原产国

中国（China）。

1.8　原产省

江苏省（Jiangsu）。

1.9　原产地

吴江（Wujiang）。

1.10　来源地

江苏省苏州市。

1.11　种质类型

地方品种。

1.12　图像

见彩插第 10 页。

1.13　观测地点

江苏省苏州市吴中区及昆山市。

2　形态特征和生物学特性

2.1　亚种类型

评价：1 粳稻。

2.2　水旱性

评价：1 水稻。

2.3　黏糯性

评价：1 黏稻。

2.4　光温性

评价：1 早稻。

2.5　熟期性

评价：1 早熟。

2.6　播种期

20190601。

2.7　始穗期

20190830。

2.8　抽穗期

20190831。

2.9　齐穗期

20190901。

2.10　成熟期

20191023。

2.11　全生育期

145 d。

2.12　株高

119.7 cm，评价：7 中高。

2.13　茎秆

茎秆长：98.8 cm。评价：7 中长。

伸长节间数：5.0。

倒 1 节间长：38.0 cm。

倒 2 节间长：21.9 cm。

倒 3 节间长：19.6 cm。

倒 4 节间长：14.2 cm。

倒 5 节间长：5.2 cm。

倒 6 节间长：0.6 cm。

2.14 穗长

20.9 cm，评价：5 中。

2.15 穗粒数

167.0，评价：5 中。

2.16 穗抽出度

8.0 cm，评价：3 抽出较好。

2.17 穗型

评价：5 中间型。

2.18 枝梗分布

评价：7 多。

一次枝梗数：11.3。

一次枝梗颖花数：62.7。

二次枝梗数：33.3。

二次枝梗颖花数：104.3。

2.19 穗立形状

主茎穗弯曲度：49.0°。

评价：5 半直立。

2.20 谷粒长度

6.90 mm，评价：5 中。

2.21 谷粒宽度

4.04 mm，评价：7 宽。

2.22 谷粒厚度

2.09 mm。

2.23 谷粒形状

谷粒长宽比 = 1.71，评价：1 短圆形。

2.24 糙米长度

5.28 mm，评价：1 短。

2.25 糙米宽度

3.32 mm，评价：9 宽。

2.26 糙米厚度

1.82 mm。

2.27 糙米形状

糙米长宽比 = 1.59，评价：1 近圆形。

2.28 种皮色

评价：1 白色。

2.29 芽鞘色

评价：3 深紫色。

2.30 叶鞘色

评价：2 绿色。

2.31 叶片色

评价：4 浅绿色。

2.32 叶片卷曲度

评价：1 不卷或卷度很小。

2.33 剑叶长度

29.0 cm，评价：5 中。

2.34　剑叶宽度

1.1 cm，评价：5 中。

2.35　剑叶出叶角

21.3°，评价：5 中间型。

2.36　倒二叶长度

43.9 cm，评价：5 中。

2.37　倒二叶宽度

0.9 cm，评价：5 中。

2.38　倒二叶出叶角

17.0°，评价：1 直立。

2.39　叶耳颜色

评价：2 黄色。

2.40　叶舌颜色

评价：2 白色。

2.41　叶枕颜色

评价：1 绿色。

2.42　叶节颜色

评价：2 绿色。

2.43　茎秆角度

15.0°，评价：1 直立。

2.44　茎秆节的颜色

评价：1 浅绿色。

2.45　茎秆节间色

评价：2 绿色。

2.46　茎秆茎节包露

评价：1 包。

2.47　茎秆粗细

6.00 mm，评价：5 中。

2.48　茎基粗

6.20 mm，评价：5 中。

2.49　分蘖力

评价：5 中。

2.50　倒伏性

评价：5 斜。

2.51　芒长

2.1 cm，评价：5 中。

2.52　芒色

评价：2 秆黄色。

2.53　芒分布

评价：9 多。

2.54　护颖色

评价：1 黄色。

2.55　护颖长短

1.50 mm，评价：3 中。

2.56　颖尖色

评价：1 黄色。

2.57　颖色

评价：1 黄色。

2.58　落粒性

评价：3 低。

3　经济性状特性

3.1　有效穗数

13.0，评价：7 中。

3.2　每穗粒数

96.0，评价：5 中。

3.3　结实率

90.6%，评价：9 极高。

3.4　千粒重

27.0 g，评价：5 中。

§11　芦花白

1　基本信息

1.1　种质编号

LV3205131。

1.2　种质名称

芦花白。

1.3　种质外文名

Lu Hua Bai。

1.4　科名

Gramineae（禾本科）。

1.5　属名

Oryza（稻属）。

1.6　学名

Oryza sativa L.（水稻）。

1.7　原产国

中国（China）。

1.8　原产省

江苏省（Jiangsu）。

1.9　原产地

吴江（Wujiang）。

1.10　来源地

江苏省苏州市。

1.11　种质类型

地方品种。

1.12　图像

见彩插第 11 页。

1.13　观测地点

江苏省苏州市吴中区及昆山市。

2　形态特征和生物学特性

2.1　亚种类型

评价：1 粳稻。

2.2　水旱性

评价：1 水稻。

2.3 黏糯性

评价：1 黏稻。

2.4 光温性

评价：2 中稻。

2.5 熟期性

评价：2 中熟。

2.6 播种期

20190601。

2.7 始穗期

20190908。

2.8 抽穗期

20190910。

2.9 齐穗期

20190912。

2.10 成熟期

20191102。

2.11 全生育期

155 d。

2.12 株高

133.9 cm，评价：9 高。

2.13 茎秆

茎秆长：113.0 cm。评价：9 长。

伸长节间数：6.1。

倒1节间长：40.8 cm。

倒2节间长：25.7 cm。

倒3节间长：19.4 cm。

倒4节间长：14.6 cm。

倒5节间长：8.8 cm。

倒6节间长：2.4 cm。

倒7节间长：0.7 cm。

2.14 穗长

22.6 cm，评价：5 中。

2.15 穗粒数

146.8，评价：5 中。

2.16 穗抽出度

9.9 cm，评价：1 抽出良好。

2.17 穗型

评价：5 中间型。

2.18 枝梗分布

评价：7 多。

一次枝梗数：11.7。

一次枝梗颖花数：67.0。

二次枝梗数：25.7。

二次枝梗颖花数：79.8。

2.19 穗立形状

主茎穗弯曲度：58.3°。

评价：7 弯曲。

2.20　谷粒长度

7.70 mm，评价：5 中。

2.21　谷粒宽度

3.49 mm，评价：5 中。

2.22　谷粒厚度

2.08 mm。

2.23　谷粒形状

谷粒长宽比＝2.21，评价：3 阔卵形。

2.24　糙米长度

5.88 mm，评价：5 中。

2.25　糙米宽度

3.22 mm，评价：9 宽。

2.26　糙米厚度

1.93 mm。

2.27　糙米形状

糙米长宽比＝1.83，评价：3 椭圆形。

2.28　种皮色

评价：1 白色。

2.29　芽鞘色

评价：3 深紫色。

2.30　叶鞘色

评价：2 绿色。

2.31　叶片色

评价：4 浅绿色。

2.32　叶片卷曲度

评价：1 不卷或卷度很小。

2.33　剑叶长度

29.3 cm，评价：5 中。

2.34　剑叶宽度

1.4 cm，评价：5 中。

2.35　剑叶出叶角

29.8°，评价：5 中间型。

2.36　倒二叶长度

42.5 cm，评价：5 中。

2.37　倒二叶宽度

1.2 cm，评价：5 中。

2.38　倒二叶出叶角

29.8°，评价：1 直立。

2.39　叶耳颜色

评价：2 黄色。

2.40　叶舌颜色

评价：2 白色。

2.41 叶枕颜色

评价：1 绿色。

2.42 叶节颜色

评价：2 绿色。

2.43 茎秆角度

15.0°，评价：1 直立。

2.44 茎秆节的颜色

评价：1 浅绿色。

2.45 茎秆节间色

评价：2 绿色。

2.46 茎秆茎节包露

评价：1 包。

2.47 茎秆粗细

5.85 mm，评价：5 中。

2.48 茎基粗

6.38 mm，评价：9 粗。

2.49 分蘖力

评价：5 中。

2.50 倒伏性

评价：5 斜。

2.51 芒长

评价：1 无。

2.52 护颖色

评价：1 黄色。

2.53 护颖长短

3.0 mm，评价：5 长。

2.54 颖尖色

评价：2 红色。

2.55 颖色

评价：1 黄色。

2.56 落粒性

评价：3 低。

3 经济性状特性

3.1 有效穗数

12.1，评价：7 中。

3.2 每穗粒数

58.6，评价：3 少。

3.3 结实率

96.6%，评价：9 极高。

3.4 千粒重

32.2 g，评价：7 高。

§12 一时兴

1 基本信息

1.1 种质编号

LV3205137。

1.2 种质名称

一时兴。

1.3　种质外文名

Yi Shi Xing。

1.4　科名

Gramineae（禾本科）。

1.5　属名

Oryza（稻属）。

1.6　学名

Oryza sativa L.（水稻）。

1.7　原产国

中国（China）。

1.8　原产省

江苏省（Jiangsu）。

1.9　原产地

吴江（Wujiang）。

1.10　来源地

江苏省苏州市。

1.11　种质类型

地方品种。

1.12　图像

见彩插第12页。

1.13　观测地点

江苏省苏州市吴中区及昆山市。

2　形态特征和生物学特性

2.1　亚种类型

评价：1粳稻。

2.2　水旱性

评价：1水稻。

2.3　黏糯性

评价：1黏稻。

2.4　光温性

评价：1早稻。

2.5　熟期性

评价：1早熟。

2.6　播种期

20190601。

2.7　始穗期

20190818。

2.8　抽穗期

20190819。

2.9　齐穗期

20190821。

2.10　成熟期

20191011。

2.11　全生育期

133 d。

2.12 株高

128.1 cm，评价：7 中高。

2.13 茎秆

茎秆长：106.7 cm。评价：7 中长。

伸长节间数：5.0。

倒 1 节间长：40.6 cm。

倒 2 节间长：24.8 cm。

倒 3 节间长：20.0 cm。

倒 4 节间长：13.6 cm。

倒 5 节间长：10.0 cm。

2.14 穗长

21.7 cm，评价：5 中。

2.15 穗粒数

159.0，评价：5 中。

2.16 穗抽出度

13.6 cm，评价：1 抽出良好。

2.17 穗型

评价：5 中间型。

2.18 枝梗分布

评价：7 多。

一次枝梗数：10.3。

一次枝梗颖花数：65.3。

二次枝梗数：25.7。

二次枝梗颖花数：93.7。

2.19 穗立形状

主茎穗弯曲度：44.8°。

评价：5 半直立。

2.20 谷粒长度

7.25 mm，评价：5 中。

2.21 谷粒宽度

3.61 mm，评价：7 宽。

2.22 谷粒厚度

2.27 mm。

2.23 谷粒形状

谷粒长宽比 = 2.01，评价：3 阔卵形。

2.24 糙米长度

5.28 mm，评价：1 短。

2.25 糙米宽度

3.20 mm，评价：9 宽。

2.26 糙米厚度

1.99 mm。

2.27 糙米形状

糙米长宽比 = 1.65，评价：1 近圆形。

2.28 种皮色

评价：1 白色。

2.29　芽鞘色

评价：3 深紫色。

2.30　叶鞘色

评价：1 黄色。

2.31　叶片色

评价：1 浅黄色。

2.32　叶片卷曲度

评价：1 不卷或卷度很小。

2.33　剑叶长度

25.0 cm，评价：1 短。

2.34　剑叶宽度

1.2 cm，评价：5 中。

2.35　剑叶出叶角

32.8°，评价：5 中间型。

2.36　倒二叶长度

35.9 cm，评价：3 短。

2.37　倒二叶宽度

1.0 cm，评价：1 窄。

2.38　倒二叶出叶角

49.3°，评价：5 平展。

2.39　叶耳颜色

评价：2 黄色。

2.40　叶舌颜色

评价：2 白色。

2.41　叶枕颜色

评价：1 绿色。

2.42　叶节颜色

评价：1 无（白）色。

2.43　茎秆角度

20.0°，评价：1 直立。

2.44　茎秆节的颜色

评价：1 浅绿色。

2.45　茎秆节间色

评价：2 绿色。

2.46　茎秆茎节包露

评价：1 包。

2.47　茎秆粗细

6.30 mm，评价：9 粗。

2.48　茎基粗

6.45 mm，评价：5 中。

2.49　分蘖力

评价：5 中。

2.50　倒伏性

评价：5 斜。

2.51　芒长

3.1 cm，评价：7 长。

2.52　芒色

评价：2 秆黄色。

2.53　芒分布

评价：9 多。

2.54　护颖色

评价：1 黄色。

2.55　护颖长短

2.5 mm，评价：3 中。

2.56　颖尖色

评价：1 黄色。

2.57　颖色

评价：1 黄色。

2.58　落粒性

评价：3 低。

3　经济性状特性

3.1　有效穗数

13.1，评价：7 中。

3.2　每穗粒数

62.4，评价：3 少。

3.3　结实率

97.4%，评价：9 极高。

3.4　千粒重

27.3 g，评价：5 中。

§13　早木樨球

1　基本信息

1.1　种质编号

LV3205200。

1.2　种质名称

早木樨球。

1.3　种质外文名

Zao Mu Xi Qiu。

1.4　科名

Gramineae（禾本科）。

1.5　属名

Oryza（稻属）。

1.6　学名

Oryza sativa L.（水稻）。

1.7　原产国

中国（China）。

1.8　原产省

江苏省（Jiangsu）。

1.9　原产地

无锡（Wuxi）。

1.10　来源地

江苏省苏州市。

1.11 种质类型

地方品种。

1.12 图像

见彩插第13页。

1.13 观测地点

江苏省苏州市吴中区及昆山市。

2 形态特征和生物学特性

2.1 亚种类型

评价：1粳稻。

2.2 水旱性

评价：1水稻。

2.3 黏糯性

评价：1黏稻。

2.4 光温性

评价：2中稻。

2.5 熟期性

评价：2中熟。

2.6 播种期

20190601。

2.7 始穗期

20190909。

2.8 抽穗期

20190910。

2.9 齐穗期

20190912。

2.10 成熟期

20191102。

2.11 全生育期

155 d。

2.12 株高

104.1 cm，评价：5中。

2.13 茎秆

茎秆长：89.9 cm。评价：5中。

伸长节间数：5.9。

倒1节间长：29.9 cm。

倒2节间长：20.1 cm。

倒3节间长：17.8 cm。

倒4节间长：12.8 cm。

倒5节间长：8.3 cm。

倒6节间长：3.4 cm。

2.14 穗长

14.3 cm，评价：3短。

2.15 穗粒数

126.0，评价：5中。

2.16 穗抽出度

7.0 cm，评价：3抽出较好。

2.17 穗型

评价：5 中间型。

2.18 枝梗分布

评价：5 少。

一次枝梗数：12.0。

一次枝梗颖花数：67.7。

二次枝梗数：20.0。

二次枝梗颖花数：58.3。

2.19 穗立形状

主茎穗弯曲度：12.5°。

评价：1 直立。

2.20 谷粒长度

6.57 mm，评价：5 中。

2.21 谷粒宽度

3.36 mm，评价：5 中。

2.22 谷粒厚度

2.23 mm。

2.23 谷粒形状

谷粒长宽比 = 1.95，评价：3 阔卵形。

2.24 糙米长度

4.84 mm，评价：1 短。

2.25 糙米宽度

3.02 mm，评价：5 中。

2.26 糙米厚度

2.14 mm。

2.27 糙米形状

糙米长宽比 = 1.60，评价：1 近圆形。

2.28 种皮色

评价：1 白色。

2.29 芽鞘色

评价：3 深紫色。

2.30 叶鞘色

评价：2 绿色。

2.31 叶片色

评价：4 浅绿色。

2.32 叶片卷曲度

评价：2 正卷（叶片的两边向下弯曲）。

2.33 剑叶长度

21.1 cm，评价：1 短。

2.34 剑叶宽度

1.3 cm，评价：5 中。

2.35 剑叶出叶角

10.3°，评价：1 直立。

2.36 倒二叶长度

30.9 cm，评价：3 短。

2.37 倒二叶宽度

1.2 cm，评价：5 中。

2.38 倒二叶出叶角

14.3°，评价：1 直立。

2.39 叶耳颜色

评价：2 黄色。

2.40 叶舌颜色

评价：2 白色。

2.41 叶枕颜色

评价：1 绿色。

2.42 叶节颜色

评价：2 绿色。

2.43 茎秆角度

10.0°，评价：1 直立。

2.44 茎秆节的颜色

评价：1 浅绿色。

2.45 茎秆节间色

评价：1 黄色。

2.46 茎秆茎节包露

评价：1 包。

2.47 茎秆粗细

7.00 mm，评价：9 粗。

2.48 茎基粗

7.20 mm，评价：9 粗。

2.49 分蘖力

评价：5 中。

2.50 倒伏性

评价：1 直。

2.51 芒长

评价：1 无。

2.52 护颖色

评价：1 黄色。

2.53 护颖长短

2.5 mm，评价：3 中。

2.54 颖尖色

评价：1 黄色。

2.55 颖色

评价：1 黄色。

2.56 落粒性

评价：3 低。

3 经济性状特性

3.1 有效穗数

8.8，评价：5 少。

3.2 每穗粒数

75.1，评价：3 少。

3.3 结实率

97.0%，评价：9 极高。

3.4 千粒重

25.6 g，评价：5 中。

§14 凤凰稻

1 基本信息

1.1 种质编号

LV3205204。

1.2 种质名称

凤凰稻。

1.3 种质外文名

Feng Huang Dao。

1.4 科名

Gramineae（禾本科）。

1.5 属名

Oryza（稻属）。

1.6 学名

Oryza sativa L.（水稻）。

1.7 原产国

中国（China）。

1.8 原产省

江苏省（Jiangsu）。

1.9 原产地

吴江（Wujiang）。

1.10 来源地

江苏省苏州市。

1.11 种质类型

地方品种。

1.12 图像

见彩插第 14 页。

1.13 观测地点

江苏省苏州市吴中区及昆山市。

2 形态特征和生物学特性

2.1 亚种类型

评价：1 粳稻。

2.2 水旱性

评价：1 水稻。

2.3 黏糯性

评价：1 黏稻。

2.4 光温性

评价：2 中稻。

2.5 熟期性

评价：2 中熟。

2.6 播种期

20190601。

2.7　始穗期

20190909。

2.8　抽穗期

20190910。

2.9　齐穗期

20190911。

2.10　成熟期

20191030。

2.11　全生育期

152 d。

2.12　株高

136.8 cm，评价：9 高。

2.13　茎秆

茎秆长：114.9 cm。评价：9 长。

伸长节间数：5.9。

倒1节间长：42.3 cm。

倒2节间长：27.0 cm。

倒3节间长：21.3 cm。

倒4节间长：14.8 cm。

倒5节间长：8.2 cm。

倒6节间长：4.6 cm。

2.14　穗长

21.9，评价：5 中。

2.15　穗粒数

146.3，评价：5 中。

2.16　穗抽出度

9.0 cm，评价：1 抽出良好。

2.17　穗型

评价：5 中间型。

2.18　枝梗分布

评价：7 多。

一次枝梗数：11.7。

一次枝梗颖花数：70.7。

二次枝梗数：24.0。

二次枝梗颖花数：75.7。

2.19　穗立形状

主茎穗弯曲度：76.0°。

评价：7 弯曲。

2.20　谷粒长度

7.15 mm，评价：5 中。

2.21　谷粒宽度

3.30 mm，评价：5 中。

2.22　谷粒厚度

2.19 mm。

2.23　谷粒形状

谷粒长宽比 = 2.17，评价：3 阔

卵形。

2.24　糙米长度

5.30 mm，评价：1 短。

2.25　糙米宽度

3.06 mm，评价：5 中。

2.26　糙米厚度

2.01 mm。

2.27　糙米形状

糙米长宽比 = 1.73，评价：1 近圆形。

2.28　种皮色

评价：1 白色。

2.29　芽鞘色

评价：3 深紫色。

2.30　叶鞘色

评价：1 黄色。

2.31　叶片色

评价：1 浅黄色。

2.32　叶片卷曲度

评价：2 正卷（叶片的两边向下弯曲）。

2.33　剑叶长度

33.2 cm，评价：5 中。

2.34　剑叶宽度

1.1 cm，评价：5 中。

2.35　剑叶出叶角

39.0°，评价：5 中间型。

2.36　倒二叶长度

51.4 cm，评价：5 中。

2.37　倒二叶宽度

0.8 cm，评价：1 窄。

2.38　倒二叶出叶角

49.0°，评价：5 平展。

2.39　叶耳颜色

评价：2 黄色。

2.40　叶舌颜色

评价：2 白色。

2.41　叶舌形状

2.42　叶枕颜色

评价：1 绿色。

2.43　叶节颜色

评价：2 绿色。

2.44　茎秆角度

15.0°，评价：1 直立。

2.45　茎秆节的颜色

评价：1 浅绿色。

2.46　茎秆节间色

评价：1 黄色。

2.47　茎秆茎节包露

评价：1 包。

2.48　茎秆粗细

7.30 mm，评价：9 粗。

2.49　茎基粗

7.75 mm，评价：9 粗。

2.50　分蘖力

评价：5 中。

2.51　倒伏性

评价：9 伏。

2.52　芒长

评价：1 无。

2.53　护颖色

评价：1 黄色。

2.54　护颖长短

5.5 mm，评价：5 长。

2.55　颖尖色

评价：1 黄色。

2.56　颖色

评价：1 黄色。

2.57　落粒性

评价：3 低。

3　经济性状特性

3.1　有效穗数

11.0，评价：7 中。

3.2　每穗粒数

112.9，评价：5 中。

3.3　结实率

96.1%，评价：9 极高。

3.4　千粒重

28.3 g，评价：5 中。

§15　野稻

1　基本信息

1.1　种质编号

LV3205207。

1.2　种质名称

野稻。

1.3　种质外文名

Ye Dao。

1.4　科名

Gramineae（禾本科）。

1.5　属名

Oryza（稻属）。

1.6　学名

Oryza sativa L.（水稻）。

1.7　原产国

中国（China）。

1.8　原产省

江苏省（Jiangsu）。

1.9　原产地

常熟（Changshu）、太仓（Taicang）。

1.10　来源地

江苏省苏州市。

1.11　种质类型

地方品种。

1.12　图像

见彩插第 15 页。

1.13　观测地点

江苏省苏州市吴中区及昆山市。

2　形态特征和生物学特性

2.1　亚种类型

评价：1 粳稻。

2.2　水旱性

评价：1 水稻。

2.3　黏糯性

评价：1 黏稻。

2.4　光温性

评价：2 中稻。

2.5　熟期性

评价：2 中熟。

2.6　播种期

20190601。

2.7　始穗期

20190905。

2.8　抽穗期

20190908。

2.9　齐穗期

20190910。

2.10　成熟期

20191028。

2.11　全生育期

150 d。

2.12　株高

132.7 cm，评价：9 高。

2.13　茎秆

茎秆长：111.8 cm。评价：9 长。

伸长节间数：5.5。

倒 1 节间长：40.0 cm。

倒 2 节间长：25.6 cm。

倒 3 节间长：20.5 cm。

倒 4 节间长：14.6 cm。

倒 5 节间长：7.9 cm。

倒 6 节间长：1.5 cm。

2.14 穗长

20.9 cm，评价：5 中。

2.15 穗粒数

132.8，评价：5 中。

2.16 穗抽出度

11.9 cm，评价：1 抽出良好。

2.17 穗型

评价：5 中间型。

2.18 枝梗分布

评价：5 少。

一次枝梗数：11.2。

一次枝梗颖花数：66.7。

二次枝梗数：21.2。

二次枝梗颖花数：66.2。

2.19 穗立形状

主茎穗弯曲度：56.7°。

评价：7 弯曲。

2.20 谷粒长度

7.04 mm，评价：5 中。

2.21 谷粒宽度

3.77 mm，评价：7 宽。

2.22 谷粒厚度

2.24 mm。

2.23 谷粒形状

谷粒长宽比 = 1.87，评价：3 阔卵形。

2.24 糙米长度

5.16 mm，评价：1 短。

2.25 糙米宽度

3.40 mm，评价：9 宽。

2.26 糙米厚度

2.05 mm。

2.27 糙米形状

糙米长宽比 = 1.52，评价：1 近圆形。

2.28 种皮色

评价：1 白色。

2.29 芽鞘色

评价：3 深紫色。

2.30 叶鞘色

评价：2 绿色。

2.31 叶片色

评价：4 浅绿色。

2.32 叶片卷曲度

评价：2 正卷（叶片的两边向下弯曲）。

2.33 剑叶长度

27.8 cm，评价：5 中。

2.34 剑叶宽度

1.2 cm，评价：5 中。

2.35 剑叶出叶角

21.8°，评价：5 中间型。

2.36 倒二叶长度

42.2 cm，评价：5 中。

2.37 倒二叶宽度

1.0 cm，评价：1 窄。

2.38 倒二叶出叶角

20.0°，评价：1 直立。

2.39 叶耳颜色

评价：2 黄色。

2.40 叶舌颜色

评价：2 白色。

2.41 叶枕颜色

评价：1 绿色。

2.42 叶节颜色

评价：2 绿色。

2.43 茎秆角度

12.5°，评价：1 直立。

2.44 茎秆节的颜色

评价：1 浅绿色。

2.45 茎秆节间色

评价：1 黄色。

2.46 茎秆茎节包露

评价：1 包。

2.47 茎秆粗细

6.35 mm，评价：9 粗。

2.48 茎基粗

7.50 mm，评价：9 粗。

2.49 分蘖力

评价：5 中。

2.50 倒伏性

评价：7 倒。

2.51 芒长

1.5 cm，评价：5 中。

2.52 芒色

评价：2 秆黄色。

2.53 芒分布

评价：9 多。

2.54 护颖色

评价：1 黄色。

2.55　护颖长短

2.0 mm，评价：3 中。

2.56　颖尖色

评价：1 黄色。

2.57　颖色

评价：2 银灰色。

2.58　落粒性

评价：3 低。

3　经济性状特性

3.1　有效穗数

9.4，评价：7 中。

3.2　每穗粒数

114.3，评价：5 中。

3.3　结实率

89.3%，评价：9 极高。

3.4　千粒重

29.5 g，评价：5 中。

（二）青稻

§16　太湖青

1　基本信息

1.1　种质编号

LV3205143。

1.2　种质名称

太湖青。

1.3　种质外文名

Tai Hu Qing。

1.4　科名

Gramineae（禾本科）。

1.5　属名

Oryza（稻属）。

1.6　学名

Oryza sativa L.（水稻）。

1.7　原产国

中国（China）。

1.8　原产省

江苏省（Jiangsu）。

1.9　原产地

昆山（Kunshan）。

1.10　来源地

江苏省苏州市。

1.11　种质类型

地方品种。

1.12　图像

见彩插第16页。

1.13 观测地点

江苏省苏州市吴中区及昆山市。

2 形态特征和生物学特性

2.1 亚种类型

评价：1 粳稻。

2.2 水旱性

评价：1 水稻。

2.3 黏糯性

评价：1 黏稻。

2.4 光温性

评价：3 晚稻。

2.5 熟期性

评价：3 晚熟。

2.6 播种期

20190601。

2.7 始穗期

20190912。

2.8 抽穗期

20190914。

2.9 齐穗期

20190916。

2.10 成熟期

20191104。

2.11 全生育期

157 d。

2.12 株高

138.6 cm，评价：9 高。

2.13 茎秆

茎秆长：114.7 cm。评价：9 长。

伸长节间数：6.3。

倒 1 节间长：44.0 cm。

倒 2 节间长：27.1 cm。

倒 3 节间长：19.6 cm。

倒 4 节间长：14.1 cm。

倒 5 节间长：8.6 cm。

倒 6 节间长：3.2 cm。

倒 7 节间长：0.9 cm。

2.14 穗长

24.4 cm，评价：5 中。

2.15 穗粒数

132.2，评价：5 中。

2.16 穗抽出度

11.3 cm，评价：1 抽出良好。

2.17 穗型

评价：5 中间型。

2.18 枝梗分布

评价：7 多。

一次枝梗数：10.8。

一次枝梗颖花数：62.0。

二次枝梗数：22.7。

二次枝梗颖花数：70.2。

2.19　穗立形状

主茎穗弯曲度：69.1°。

评价：7 弯曲。

2.20　谷粒长度

7.87 mm，评价：5 中。

2.21　谷粒宽度

3.37 mm，评价：5 中。

2.22　谷粒厚度

2.19 mm。

2.23　谷粒形状

谷粒长宽比 = 2.34，评价：5 椭圆形。

2.24　糙米长度

6.02 mm，评价：5 中。

2.25　糙米宽度

3.10 mm，评价：5 中。

2.26　糙米厚度

2.07 mm。

2.27　糙米形状

糙米长宽比 = 1.94，评价：3 椭圆形。

2.28　种皮色

评价：1 白色。

2.29　芽鞘色

评价：3 深紫色。

2.30　叶鞘色

评价：2 绿色。

2.31　叶片色

评价：4 浅绿色。

2.32　叶片卷曲度

评价：1 不卷或卷度很小。

2.33　剑叶长度

32.7 cm，评价：5 中。

2.34　剑叶宽度

1.4 cm，评价：5 中。

2.35　剑叶出叶角

48.6°，评价：5 中间型。

2.36　倒二叶长度

47.8 cm，评价：5 中。

2.37　倒二叶宽度

1.1 cm，评价：5 中。

2.38 倒二叶出叶角

39.5°，评价：1 直立。

2.39 叶耳颜色

评价：2 黄色。

2.40 叶舌颜色

评价：2 白色。

2.41 叶枕颜色

评价：1 绿色。

2.42 叶节颜色

评价：2 绿色。

2.43 茎秆角度

12.5°，评价：1 直立。

2.44 茎秆节的颜色

评价：1 浅绿色。

2.45 茎秆节间色

评价：1 黄色。

2.46 茎秆茎节包露

评价：1 包。

2.47 茎秆粗细

5.65 mm，评价：5 中。

2.48 茎基粗

6.38 mm，评价：5 中。

2.49 分蘖力

评价：5 中。

2.50 倒伏性

评价：5 斜。

2.51 芒长

0.3 cm，评价：3 短。

2.52 芒色

评价：5 褐色。

2.53 芒分布

评价：9 多。

2.54 护颖色

评价：1 黄色。

2.55 护颖长短

2.5 mm，评价：3 中。

2.56 颖尖色

评价：3 褐色。

2.57 颖色

评价：1 黄色。

2.58 落粒性

评价：3 低。

3 经济性状特性

3.1 有效穗数

12.2，评价：7 中。

3.2 每穗粒数

65.0，评价：3 少。

3.3 结实率

93.2%，评价：9 极高。

3.4 千粒重

33.0 g，评价：7 高。

§17 铁秆青

1 基本信息

1.1 种质编号

LV3205147。

1.2 种质名称

铁秆青。

1.3 种质外文名

Tie Gan Qing。

1.4 科名

Gramineae（禾本科）。

1.5 属名

Oryza（稻属）。

1.6 学名

Oryza sativa L.（水稻）。

1.7 原产国

中国（China）。

1.8 原产省

江苏省（Jiangsu）。

1.9 原产地

吴江（Wujiang）。

1.10 来源地

江苏省苏州市。

1.11 种质类型

地方品种。

1.12 图像

见彩插第 17 页。

1.13 观测地点

江苏省苏州市吴中区及昆山市。

2 形态特征和生物学特性

2.1 亚种类型

评价：1 粳稻。

2.2 水旱性

评价：1 水稻。

2.3 黏糯性

评价：1 黏稻。

2.4 光温性

评价：3 晚稻。

2.5 熟期性

评价：3 晚熟。

2.6 播种期

20190601。

2.7 始穗期

20190914。

2.8 抽穗期

20190916。

2.9 齐穗期

20190918。

2.10 成熟期

20191106。

2.11 全生育期

159 d。

2.12 株高

146.0 cm，评价：9 高。

2.13 茎秆

茎秆长：123.8 cm。评价：9 长。

伸长节间数：6.0。

倒1节间长：45.3 cm。

倒2节间长：27.0 cm。

倒3节间长：19.7 cm。

倒4节间长：15.6 cm。

倒5节间长：11.4 cm。

倒6节间长：4.9 cm。

2.14 穗长

22.2 cm，评价：5 中。

2.15 穗粒数

118.0，评价：5 中。

2.16 穗抽出度

14.0 cm，评价：1 抽出良好。

2.17 穗型

评价：5 中间型。

2.18 枝梗分布

评价：7 多。

一次枝梗数：8.7。

一次枝梗颖花数：56.0。

二次枝梗数：19.3。

二次枝梗颖花数：62.0。

2.19 穗立形状

主茎穗弯曲度：30.0°。

评价：5 半直立。

2.20 谷粒长度

7.50 mm，评价：5 中。

2.21 谷粒宽度

3.59 mm，评价：7 宽。

2.22 谷粒厚度

1.81 mm。

2.23 谷粒形状

谷粒长宽比 = 2.09，评价：3 阔

卵形。

2.24　糙米长度

5.65 mm，评价：/。

2.25　糙米宽度

3.15 mm，评价：5 中。

2.26　糙米厚度

1.62 mm。

2.27　糙米形状

糙米长宽比 = 1.79，评价：1 近圆形。

2.28　种皮色

评价：1 白色。

2.29　芽鞘色

评价：3 深紫色。

2.30　叶鞘色

评价：2 绿色。

2.31　叶片色

评价：4 浅绿色。

2.32　叶片卷曲度

评价：2 正卷（叶片的两边向下弯曲）。

2.33　剑叶长度

33.4 cm，评价：5 中。

2.34　剑叶宽度

1.3 cm，评价：5 中。

2.35　剑叶出叶角

15.0°，评价：1 直立。

2.36　倒二叶长度

47.2 cm，评价：5 中。

2.37　倒二叶宽度

1.3 cm，评价：5 中。

2.38　倒二叶出叶角

22.0°，评价：1 直立。

2.39　叶耳颜色

评价：2 黄色。

2.40　叶舌颜色

评价：2 白色。

2.41　叶枕颜色

评价：1 绿色。

2.42　叶节颜色

评价：2 绿色。

2.43　茎秆角度

10.0°，评价：1 直立。

2.44　茎秆节的颜色

评价：1 浅绿色。

2.45　茎秆节间色

评价：1 黄色。

2.46 茎秆茎节包露

评价：1 包。

2.47 茎秆粗细

5.00 mm，评价：5 中。

2.48 茎基粗

6.30 mm，评价：5 中。

2.49 分蘖力

评价：5 中。

2.50 倒伏性

评价：3 中间型。

2.51 芒长

评价：1 无。

2.52 护颖色

评价：1 黄色。

2.53 护颖长短

1.50 mm，评价：3 中。

2.54 颖尖色

评价：3 褐色。

2.55 颖色

评价：1 黄色。

2.56 落粒性

评价：7 高。

3 经济性状特性

3.1 有效穗数

10.1，评价：7 中。

3.2 每穗粒数

126.5，评价：5 中。

3.3 结实率

22.4%，评价：5 中。

3.4 千粒重

/g，评价：/。

§18 落霜青

1 基本信息

1.1 种质编号

LV3205151。

1.2 种质名称

落霜青。

1.3 种质外文名

Luo Shuang Qing。

1.4 科名

Gramineae（禾本科）。

1.5 属名

Oryza（稻属）。

1.6 学名

Oryza sativa L.（水稻）。

1.7　原产国

中国（China）。

1.8　原产省

江苏省（Jiangsu）。

1.9　原产地

吴江（Wujiang）。

1.10　来源地

江苏省苏州市。

1.11　种质类型

地方品种。

1.12　图像

见彩插第18页。

1.13　观测地点

江苏省苏州市吴中区及昆山市。

2　形态特征和生物学特性

2.1　亚种类型

评价：1粳稻。

2.2　水旱性

评价：1水稻。

2.3　黏糯性

评价：1黏稻。

2.4　光温性

评价：3晚稻。

2.5　熟期性

评价：3晚熟。

2.6　播种期

20190601。

2.7　始穗期

20190914。

2.8　抽穗期

20190916。

2.9　齐穗期

20190918。

2.10　成熟期

20191106。

2.11　全生育期

159 d。

2.12　株高

133.4 cm，评价：9高。

2.13　茎秆

茎秆长：113.4 cm。评价：9长。

伸长节间数：6.4。

倒1节间长：42.3 cm。

倒2节间长：24.5 cm。

倒3节间长：20.2 cm。

倒4节间长：13.2 cm。

倒 5 节间长：8.4 cm。

倒 6 节间长：3.1 cm。

倒 7 节间长：1.2 cm。

2.14 穗长

21.7 cm，评价：5 中。

2.15 穗粒数

130.8，评价：5 中。

2.16 穗抽出度

11.6 cm，评价：1 抽出良好。

2.17 穗型

评价：5 中间型。

2.18 枝梗分布

评价：5 少。

一次枝梗数：11.2。

一次枝梗颖花数：66.5。

二次枝梗数：20.7。

二次枝梗颖花数：64.3。

2.19 穗立形状

主茎穗弯曲度：50.0°。

评价：5 半直立。

2.20 谷粒长度

7.40 mm，评价：5 中。

2.21 谷粒宽度

3.15 mm，评价：5 中。

2.22 谷粒厚度

2.52 mm。

2.23 谷粒形状

谷粒长宽比 = 2.35，评价：5 椭圆形。

2.24 糙米长度

5.70 mm，评价：5 中。

2.25 糙米宽度

3.00 mm，评价：5 中。

2.26 糙米厚度

2.20 mm。

2.27 糙米形状

糙米长宽比 = 1.90，评价：3 椭圆形。

2.28 种皮色

评价：1 白色。

2.29 芽鞘色

评价：3 深紫色。

2.30 叶鞘色

评价：1 黄色。

2.31 叶片色

评价：4 浅绿色。

2.32 叶片卷曲度

评价：1 不卷或卷度很小。

2.33 剑叶长度

26.4 cm，评价：5 中。

2.34 剑叶宽度

1.3 cm，评价：5 中。

2.35 剑叶出叶角

33.8°，评价：5 中间型。

2.36 倒二叶长度

37.3 cm，评价：3 短。

2.37 倒二叶宽度

1.2 cm，评价：5 中。

2.38 倒二叶出叶角

34.0°，评价：1 直立。

2.39 叶耳颜色

评价：2 黄色。

2.40 叶舌颜色

评价：2 白色。

2.41 叶枕颜色

评价：1 绿色。

2.42 叶节颜色

评价：2 绿色。

2.43 茎秆角度

12.5°，评价：1 直立。

2.44 茎秆节的颜色

评价：1 浅绿色。

2.45 茎秆节间色

评价：1 黄色。

2.46 茎秆茎节包露

评价：1 包。

2.47 茎秆粗细

6.50 mm，评价：9 粗。

2.48 茎基粗

7.57 mm，评价：9 粗。

2.49 分蘖力

评价：5 中。

2.50 倒伏性

评价：5 斜。

2.51 芒长

评价：1 无。

2.52 护颖色

评价：1 黄色。

2.53 护颖长短

2.5 mm，评价：3 中。

2.54 颖尖色

评价：2 红色。

2.55 颖色

评价：2 银灰色。

2.56 落粒性

评价：3 低。

3 经济性状特性

3.1 有效穗数

12.5，评价：7 中。

3.2 每穗粒数

65.5，评价：3 少。

3.3 结实率

95.6%，评价：9 极高。

3.4 千粒重

32.0 g，评价：7 高。

§19 葡萄青

1 基本信息

1.1 种质编号

LV3205156。

1.2 种质名称

葡萄青。

1.3 种质外文名

Pu Tao Qing。

1.4 科名

Gramineae（禾本科）。

1.5 属名

Oryza（稻属）。

1.6 学名

Oryza sativa L.（水稻）。

1.7 原产国

中国（China）。

1.8 原产省

江苏省（Jiangsu）。

1.9 来源地

江苏省苏州市。

1.10 种质类型

地方品种。

1.11 图像

见彩插第 19 页。

1.12 观测地点

江苏省苏州市吴中区及昆山市。

2 形态特征和生物学特性

2.1 亚种类型

评价：1 粳稻。

2.2 水旱性

评价：1 水稻。

2.3 黏糯性

评价：1 黏稻。

2.4 光温性

评价：3晚稻。

2.5 熟期性

评价：3晚熟。

2.6 播种期

20190601。

2.7 始穗期

20190910。

2.8 抽穗期

20190912。

2.9 齐穗期

20190914。

2.10 成熟期

20191103。

2.11 全生育期

156 d。

2.12 株高

137.9 cm，评价：9高。

2.13 茎秆

茎秆长：115.4 cm。评价：9长。

伸长节间数：6.1。

倒1节间长：43.5 cm。

倒2节间长：26.1 cm。

倒3节间长：19.9 cm。

倒4节间长：14.6 cm。

倒5节间长：8.8 cm。

倒6节间长：2.1 cm。

倒7节间长：0.4 cm。

2.14 穗长

23.2 cm，评价：5中。

2.15 穗粒数

120.0，评价：5中。

2.16 穗抽出度

10.6 cm，评价：1抽出良好。

2.17 穗型

评价：5中间型。

2.18 枝梗分布

评价：7多。

一次枝梗数：10.0。

一次枝梗颖花数：56.0。

二次枝梗数：21.2。

二次枝梗颖花数：64.0。

2.19 穗立形状

主茎穗弯曲度：70.0°。

评价：7弯曲。

2.20 谷粒长度

7.85 mm，评价：5 中。

2.21 谷粒宽度

3.35 mm，评价：5 中。

2.22 谷粒厚度

2.17 mm。

2.23 谷粒形状

谷粒长宽比 = 2.34，评价：5 椭圆形。

2.24 糙米长度

5.90 mm，评价：5 中。

2.25 糙米宽度

3.00 mm，评价：5 中。

2.26 糙米厚度

1.91 mm。

2.27 糙米形状

糙米长宽比 = 1.97，评价：3 椭圆形。

2.28 种皮色

评价：1 白色。

2.29 芽鞘色

评价：3 深紫色。

2.30 叶鞘色

评价：2 绿色。

2.31 叶片色

评价：4 浅绿色。

2.32 叶片卷曲度

评价：2 正卷（叶片的两边向下弯曲）。

2.33 剑叶长度

28.8 cm，评价：5 中。

2.34 剑叶宽度

1.2 cm，评价：5 中。

2.35 剑叶出叶角

25.8°，评价：5 中间型。

2.36 倒二叶长度

41.5 cm，评价：5 中。

2.37 倒二叶宽度

1.1 cm，评价：5 中。

2.38 倒二叶出叶角

37.7°，评价：1 直立。

2.39 叶耳颜色

评价：2 黄色。

2.40 叶舌颜色

评价：2 白色。

2.41 叶枕颜色

评价：1 绿色。

2.42　叶节颜色

评价：2 绿色。

2.43　茎秆角度

15.0°，评价：1 直立。

2.44　茎秆节的颜色

评价：1 浅绿色。

2.45　茎秆节间色

评价：1 黄色。

2.46　茎秆茎节包露

评价：1 包。

2.47　茎秆粗细

5.85 mm，评价：5 中。

2.48　茎基粗

7.03 mm，评价：9 粗。

2.49　分蘖力

评价：5 中。

2.50　倒伏性

评价：5 斜。

2.51　芒长

0.5 cm，评价：3 短。

2.52　芒色

评价：5 褐色。

2.53　芒分布

评价：9 多。

2.54　护颖色

评价：1 黄色。

2.55　护颖长短

2.0 mm，评价：3 中。

2.56　颖尖色

评价：3 褐色。

2.57　颖色

评价：1 黄色。

2.58　落粒性

评价：3 低。

3　经济性状特性

3.1　有效穗数

12.6，评价：7 中。

3.2　每穗粒数

73.8，评价：3 少。

3.3　结实率

95.6%，评价：9 极高。

3.4　千粒重

32.8 g，评价：7 高。

§20　绿种

1　基本信息

1.1　种质编号

LV3205158。

1.2 种质名称

绿种。

1.3 种质外文名

Lv Zhong。

1.4 科名

Gramineae（禾本科）。

1.5 属名

Oryza（稻属）。

1.6 学名

Oryza sativa L.（水稻）。

1.7 原产国

中国（China）。

1.8 原产省

江苏省（Jiangsu）。

1.9 来源地

江苏省苏州市。

1.10 种质类型

地方品种。

1.11 图像

见彩插第20页。

1.12 观测地点

江苏省苏州市吴中区及昆山市。

2 形态特征和生物学特性

2.1 亚种类型

评价：1 粳稻。

2.2 水旱性

评价：1 水稻。

2.3 黏糯性

评价：1 黏稻。

2.4 光温性

评价：3 晚稻。

2.5 熟期性

评价：3 晚熟。

2.6 播种期

20190601。

2.7 始穗期

20190918。

2.8 抽穗期

20190919。

2.9 齐穗期

20190921。

2.10 成熟期

20191110。

2.11 全生育期

163 d。

2.12　株高

139.9 cm，评价：9 高。

2.13　茎秆

茎秆长：120.7 cm。评价：9 长。

伸长节间数：7.0。

倒 1 节间长：38.0 cm。

倒 2 节间长：27.9 cm。

倒 3 节间长：22.3 cm。

倒 4 节间长：14.9 cm。

倒 5 节间长：9.6 cm。

倒 6 节间长：5.4 cm。

倒 7 节间长：3.8 cm。

2.14　穗长

19.2 cm，评价：3 短。

2.15　穗粒数

65.0，评价：3 少。

2.16　穗抽出度

10.2 cm，评价：1 抽出良好。

2.17　穗型

评价：5 中间型。

2.18　枝梗分布

评价：5 少。

一次枝梗数：6.0。

一次枝梗颖花数：32.3。

二次枝梗数：11.0。

二次枝梗颖花数：32.7。

2.19　穗立形状

主茎穗弯曲度：45.0°。

评价：5 半直立。

2.20　谷粒长度

7.68 mm，评价：5 中。

2.21　谷粒宽度

3.15 mm，评价：5 中。

2.22　谷粒厚度

2.11 mm。

2.23　谷粒形状

谷粒长宽比 = 2.44，评价：5 椭圆形。

2.24　糙米长度

5.87 mm，评价：5 中。

2.25　糙米宽度

3.13 mm，评价：5 中。

2.26　糙米厚度

1.75 mm。

2.27　糙米形状

糙米长宽比 = 1.79，评价：3 椭

圆形。

2.28 种皮色

评价：1 白色。

2.29 芽鞘色

评价：3 深紫色。

2.30 叶鞘色

评价：2 绿色。

2.31 叶片色

评价：5 绿色。

2.32 叶片卷曲度

评价：2 正卷（叶片的两边向下弯曲）。

2.33 剑叶长度

25.6 cm，评价：5 中。

2.34 剑叶宽度

1.0 cm，评价：1 窄。

2.35 剑叶出叶角

47.0°，评价：5 中间型。

2.36 倒二叶长度

40.7 cm，评价：5 中。

2.37 倒二叶宽度

0.9 cm，评价：1 窄。

2.38 倒二叶出叶角

55.0°，评价：5 平展。

2.39 叶耳颜色

评价：2 黄色。

2.40 叶舌颜色

评价：2 白色。

2.41 叶枕颜色

评价：1 绿色。

2.42 叶节颜色

评价：2 绿色。

2.43 茎秆角度

10.0°，评价：1 直立。

2.44 茎秆节的颜色

评价：1 浅绿色。

2.45 茎秆节间色

评价：1 黄色。

2.46 茎秆茎节包露

评价：1 包。

2.47 茎秆粗细

4.70 mm，评价：5 中。

2.48 茎基粗

6.00 mm，评价：5 中。

2.49 分蘖力

评价：5 中。

2.50　倒伏性

评价：7 倒。

2.51　芒长

0.8 cm，评价：3 短。

2.52　芒色

评价：3 黄色。

2.53　芒分布

评价：9 多。

2.54　护颖色

评价：1 黄色。

2.55　护颖长短

1.50 mm，评价：3 中。

2.56　颖尖色

评价：2 红色。

2.57　颖色

评价：2 银灰色。

2.58　落粒性

评价：3 低。

3　经济性状特性

3.1　有效穗数

12.8，评价：7 中。

3.2　每穗粒数

58.7，评价：3 少。

3.3　结实率

96.4%，评价：9 极高。

3.4　千粒重

28.3 g，评价：5 中。

§21　大绿种

1　基本信息

1.1　种质编号

LV3205162。

1.2　种质名称

大绿种。

1.3　种质外文名

Da Lv Zhong。

1.4　科名

Gramineae（禾本科）。

1.5　属名

Oryza（稻属）。

1.6　学名

Oryza sativa L.（水稻）。

1.7　原产国

中国（China）。

1.8　原产省

江苏省（Jiangsu）。

1.9　来源地

江苏省苏州市。

1.10　种质类型

地方品种。

1.11　图像

见彩插第 21 页。

1.12　观测地点

江苏省苏州市吴中区及昆山市。

2　形态特征和生物学特性

2.1　亚种类型

评价：1 粳稻。

2.2　水旱性

评价：1 水稻。

2.3　黏糯性

评价：1 黏稻。

2.4　光温性

评价：3 晚稻。

2.5　熟期性

评价：3 晚熟。

2.6　播种期

20190601。

2.7　始穗期

20190912。

2.8　抽穗期

20190914。

2.9　齐穗期

20190916。

2.10　成熟期

20191104。

2.11　全生育期

157 d。

2.12　株高

137.8 cm，评价：9 高。

2.13　茎秆

茎秆长：117.6 cm。评价：9 长。

伸长节间数：6.0。

倒 1 节间长：39.3 cm。

倒 2 节间长：25.0 cm。

倒 3 节间长：21.7 cm。

倒 4 节间长：16.0 cm。

倒 5 节间长：9.0 cm。

倒 6 节间长：3.9 cm。

2.14　穗长

20.8 cm，评价：5 中。

2.15　穗粒数

140.0，评价：5 中。

2.16　穗抽出度

10.5 cm，评价：1 抽出良好。

2.17　穗型

评价：5 中间型。

2.18　枝梗分布

评价：7 多。

一次枝梗数：11.7。

一次枝梗颖花数：65.7。

二次枝梗数：23.3。

二次枝梗颖花数：74.3。

2.19　穗立形状

主茎穗弯曲度：69.5°。

评价：7 弯曲。

2.20　谷粒长度

7.65 mm，评价：5 中。

2.21　谷粒宽度

3.60 mm，评价：7 宽。

2.22　谷粒厚度

2.15 mm。

2.23　谷粒形状

谷粒长宽比 = 2.13，评价：3 阔卵形。

2.24　糙米长度

5.60 mm，评价：5 中。

2.25　糙米宽度

3.00 mm，评价：5 中。

2.26　糙米厚度

1.93 mm。

2.27　糙米形状

糙米长宽比 = 1.87，评价：3 椭圆形。

2.28　种皮色

评价：1 白色。

2.29　芽鞘色

评价：3 深紫色。

2.30　叶鞘色

评价：2 绿色。

2.31　叶片色

评价：4 浅绿色。

2.32　叶片卷曲度

评价：2 正卷（叶片的两边向下弯曲）。

2.33　剑叶长度

28.3 cm，评价：5 中。

2.34　剑叶宽度

1.4 cm，评价：5 中。

2.35　剑叶出叶角

36.0°，评价：5 中间型。

2.36　倒二叶长度

42.7 cm，评价：5 中。

2.37　倒二叶宽度

1.2 cm，评价：5 中。

2.38　倒二叶出叶角

38.3°，评价：1 直立。

2.39　叶耳颜色

评价：2 黄色。

2.40　叶舌颜色

评价：2 白色。

2.41　叶枕颜色

评价：1 绿色。

2.42　叶节颜色

评价：2 绿色。

2.43　茎秆角度

15.0°，评价：1 直立。

2.44　茎秆节的颜色

评价：1 浅绿色。

2.45　茎秆节间色

评价：1 黄色。

2.46　茎秆茎节包露

评价：1 包。

2.47　茎秆粗细

6.70 mm，评价：9 粗。

2.48　茎基粗

6.80 mm，评价：9 粗。

2.49　分蘖力

评价：5 中。

2.50　倒伏性

评价：3 中间型。

2.51　芒长

0.7 cm，评价：3 短。

2.52　芒色

评价：3 黄色。

2.53　芒分布

评价：9 多。

2.54　护颖色

评价：1 黄色。

2.55　护颖长短

2.5 mm，评价：3 中。

2.56　颖尖色

评价：3 褐色。

2.57　颖色

评价：1 黄色。

2.58　落粒性

评价：3 低。

3 经济性状特性

3.1 有效穗数

12.8，评价：7 中。

3.2 每穗粒数

79.3，评价：3 少。

3.3 结实率

96.8%，评价：9 极高。

3.4 千粒重

33.5 g，评价：7 高。

（三）红稻

§22 小红稻

1 基本信息

1.1 种质编号

LV3205165。

1.2 种质名称

小红稻。

1.3 种质外文名

Xiao Hong Dao。

1.4 科名

Gramineae（禾本科）。

1.5 属名

Oryza（稻属）。

1.6 学名

Oryza sativa L.（水稻）。

1.7 原产国

中国（China）。

1.8 原产省

江苏省（Jiangsu）。

1.9 来源地

江苏省苏州市。

1.10 种质类型

地方品种。

1.11 图像

见彩插第 22 页。

1.12 观测地点

江苏省苏州市吴中区及昆山市。

2 形态特征和生物学特性

2.1 亚种类型

评价：1 粳稻。

2.2 水旱性

评价：1 水稻。

2.3 黏糯性

评价：1 黏稻。

2.4 光温性

评价：1 早稻。

2.5 熟期性

评价：1 早熟。

2.6 播种期

20190601。

2.7 始穗期

20190828。

2.8 抽穗期

20190830。

2.9 齐穗期

20190901。

2.10 成熟期

20191022。

2.11 全生育期

144 d。

2.12 株高

78.2 cm，评价：3 中矮。

2.13 茎秆

茎秆长：62.6 cm。评价：3 中短。

伸长节间数：4.5。

倒1 节间长：25.9 cm。

倒2 节间长：16.2 cm。

倒3 节间长：11.7 cm。

倒4 节间长：6.9 cm。

倒5 节间长：1.9 cm。

2.14 穗长

15.9 cm，评价：3 短。

2.15 穗粒数

135.7，评价：5 中。

2.16 穗抽出度

3.0 cm，评价：3 抽出较好。

2.17 穗型

评价：5 中间型。

2.18 枝梗分布

评价：5 少。

一次枝梗数：12.3。

一次枝梗颖花数：70.0。

二次枝梗数：23.7。

二次枝梗颖花数：65.7。

2.19 穗立形状

主茎穗弯曲度：33.3°。

评价：5 半直立。

2.20 谷粒长度

7.15 mm，评价：5 中。

2.21 谷粒宽度

3.60 mm，评价：7 宽。

2.22　谷粒厚度

2.19 mm。

2.23　谷粒形状

谷粒长宽比＝1.99，评价：3 阔卵形。

2.24　糙米长度

5.40 mm，评价：1 短。

2.25　糙米宽度

2.40 mm，评价：5 中。

2.26　糙米厚度

1.93 mm。

2.27　糙米形状

糙米长宽比＝2.25，评价：5 半纺锤形。

2.28　种皮色

评价：1 白色。

2.29　芽鞘色

评价：3 深紫色。

2.30　叶鞘色

评价：1 黄色。

2.31　叶片色

评价：1 浅黄色。

2.32　叶片卷曲度

评价：1 不卷或卷度很小。

2.33　剑叶长度

16.5 cm，评价：1 短。

2.34　剑叶宽度

1.5 cm，评价：5 中。

2.35　剑叶出叶角

20.3°，评价：5 中间型。

2.36　倒二叶长度

30.1 cm，评价：5 中。

2.37　倒二叶宽度

1.2 cm，评价：5 中。

2.38　倒二叶出叶角

13.3°，评价：1 直立。

2.39　叶耳颜色

评价：2 黄色。

2.40　叶舌颜色

评价：2 白色。

2.41　叶枕颜色

评价：1 绿色。

2.42　叶节颜色

评价：2 绿色。

2.43　茎秆角度

10.0°，评价：1 直立。

2.44 茎秆节的颜色

评价：1 浅绿色。

2.45 茎秆节间色

评价：1 黄色。

2.46 茎秆茎节包露

评价：1 包。

2.47 茎秆粗细

6.30 mm，评价：9 粗。

2.48 茎基粗

7.15 mm，评价：9 粗。

2.49 分蘖力

评价：5 中。

2.50 倒伏性

评价：1 直。

2.51 芒长

3.1 cm，评价：7 长。

2.52 芒色

评价：5 褐色。

2.53 芒分布

评价：9 多。

2.54 护颖色

评价：1 黄色。

2.55 护颖长短

2.0 mm，评价：3 中。

2.56 颖尖色

评价：3 褐色。

2.57 颖色

评价：4 赤褐色。

2.58 落粒性

评价：3 低。

3 经济性状特性

3.1 有效穗数

13.3，评价：7 中。

3.2 每穗粒数

76.4，评价：3 少。

3.3 结实率

91.7%，评价：9 极高。

3.4 千粒重

24.1 g，评价：5 中。

§23 芦柴红

1 基本信息

1.1 种质编号

LV3205169。

1.2 种质名称

芦柴红。

1.3 种质外文名

Lu Chai Hong。

1.4　科名

Gramineae（禾本科）。

1.5　属名

Oryza（稻属）。

1.6　学名

Oryza sativa L.（水稻）。

1.7　原产国

中国（China）。

1.8　原产省

江苏省（Jiangsu）。

1.9　原产地

吴江（Wujiang）。

1.10　来源地

江苏省苏州市。

1.11　种质类型

地方品种。

1.12　图像

见彩插第 23 页。

1.13　观测地点

江苏省苏州市吴中区及昆山市。

2　形态特征和生物学特性

2.1　亚种类型

评价：1 粳稻。

2.2　水旱性

评价：1 水稻。

2.3　黏糯性

评价：1 黏稻。

2.4　光温性

评价：3 晚稻。

2.5　熟期性

评价：3 晚熟。

2.6　播种期

20190601。

2.7　始穗期

20190910。

2.8　抽穗期

20190912。

2.9　齐穗期

20190914。

2.10　成熟期

20191103。

2.11　全生育期

156 d。

2.12　株高

134.7 cm，评价：9 高。

2.13 茎秆

茎秆长：120.4 cm。评价：9 长。

伸长节间数：5.8。

倒 1 节间长：41.0 cm。

倒 2 节间长：26.8 cm。

倒 3 节间长：20.8 cm。

倒 4 节间长：15.3 cm。

倒 5 节间长：10.2 cm。

倒 6 节间长：2.4 cm。

2.14 穗长

22.1 cm，评价：5 中。

2.15 穗粒数

174.3，评价：5 中。

2.16 穗抽出度

10.9 cm，评价：1 抽出良好。

2.17 穗型

评价：5 中间型。

2.18 枝梗分布

评价：5 少。

一次枝梗数：15.7。

一次枝梗颖花数：90.0。

二次枝梗数：28.0。

二次枝梗颖花数：84.7。

2.19 穗立形状

主茎穗弯曲度：51.5°。

评价：7 弯曲。

2.20 谷粒长度

6.65 mm，评价：5 中。

2.21 谷粒宽度

3.65 mm，评价：7 宽。

2.22 谷粒厚度

2.07 mm。

2.23 谷粒形状

谷粒长宽比 = 1.82，评价：3 阔卵形。

2.24 糙米长度

4.90 mm，评价：1 短。

2.25 糙米宽度

2.80 mm，评价：5 中。

2.26 糙米厚度

1.94 mm。

2.27 糙米形状

糙米长宽比 = 1.75，评价：1 近圆形。

2.28 种皮色

评价：1 白色。

2.29　芽鞘色

评价：3 深紫色。

2.30　叶鞘色

评价：2 绿色。

2.31　叶片色

评价：5 绿色。

2.32　叶片卷曲度

评价：2 正卷（叶片的两边向下弯曲）。

2.33　剑叶长度

27.6 cm，评价：5 中。

2.34　剑叶宽度

1.4 cm，评价：5 中。

2.35　剑叶出叶角

28.0°，评价：5 中间型。

2.36　倒二叶长度

39.1 cm，评价：5 中。

2.37　倒二叶宽度

1.3 cm，评价：5 中。

2.38　倒二叶出叶角

32.5°，评价：1 直立。

2.39　叶耳颜色

评价：2 黄色。

2.40　叶舌颜色

评价：2 白色。

2.41　叶枕颜色

评价：1 绿色。

2.42　叶节颜色

评价：2 绿色。

2.43　茎秆角度

10.0°，评价：1 直立。

2.44　茎秆节的颜色

评价：1 浅绿色。

2.45　茎秆节间色

评价：1 黄色。

2.46　茎秆茎节包露

评价：1 包。

2.47　茎秆粗细

7.70 mm，评价：9 粗。

2.48　茎基粗

7.90 mm，评价：9 粗。

2.49　分蘖力

评价：1 强。

2.50　倒伏性

评价：7 倒。

2.51　芒长

评价：1 无。

2.52　护颖色

评价：2 红色。

2.53　护颖长短

1.5 mm，评价：1 短。

2.54　颖尖色

评价：3 褐色。

2.55　颖色

评价：4 赤褐色。

2.56　落粒性

评价：5 中。

3　经济性状特性

3.1　有效穗数

15.8，评价：7 中。

3.2　每穗粒数

75.8，评价：3 少。

3.3　结实率

92.7%，评价：9 极高。

3.4　千粒重

26.5 g，评价：5 中。

§24　老来红

1　基本信息

1.1　种质编号

LV3205175。

1.2　种质名称

老来红。

1.3　种质外文名

Lao Lai Hong。

1.4　科名

Gramineae（禾本科）。

1.5　属名

Oryza（稻属）。

1.6　学名

Oryza sativa L.（水稻）。

1.7　原产国

中国（China）。

1.8　原产省

江苏省（Jiangsu）。

1.9　来源地

江苏省苏州市。

1.10　种质类型

地方品种。

1.11　图像

见彩插第 24 页。

1.12　观测地点

江苏省苏州市吴中区及昆山市。

2　形态特征和生物学特性

2.1　亚种类型

评价：1 粳稻。

2.2　水旱性

评价：1 水稻。

2.3　黏糯性

评价：1 黏稻。

2.4　光温性

评价：3 晚稻。

2.5　熟期性

评价：3 晚熟。

2.6　播种期

20190601。

2.7　始穗期

20190910。

2.8　抽穗期

20190912。

2.9　齐穗期

20190914。

2.10　成熟期

20191103。

2.11　全生育期

156 d。

2.12　株高

133.6 cm，评价：9 高。

2.13　茎秆

茎秆长：113.5 cm。评价：9 长。

伸长节间数：6.1。

倒 1 节间长：44.3 cm。

倒 2 节间长：26.3 cm。

倒 3 节间长：23.0 cm。

倒 4 节间长：12.4 cm。

倒 5 节间长：5.7 cm。

倒 6 节间长：2.5 cm。

倒 7 节间长：0.4 cm。

2.14　穗长

17.0 cm，评价：3 短。

2.15　穗粒数

186.5，评价：5 中。

2.16　穗抽出度

14.6 cm，评价：1 抽出良好。

2.17　穗型

评价：1 密集。

2.18　枝梗分布

评价：7 多。

一次枝梗数：14.5。

一次枝梗颖花数：87.8。

二次枝梗数：32.0。

二次枝梗颖花数：98.7。

2.19　穗立形状

主茎穗弯曲度：44.5°。

评价：5 半直立。

2.20　谷粒长度

7.40 mm，评价：5 中。

2.21　谷粒宽度

3.55 mm，评价：7 宽。

2.22　谷粒厚度

2.06 mm。

2.23　谷粒形状

谷粒长宽比 = 2.08，评价：3 阔卵形。

2.24　糙米长度

5.50 mm，评价：1 短。

2.25　糙米宽度

3.22 mm，评价：9 宽。

2.26　糙米厚度

1.90 mm。

2.27　糙米形状

糙米长宽比 = 1.72，评价：1 近圆形。

2.28　种皮色

评价：1 白色。

2.29　芽鞘色

评价：3 深紫色。

2.30　叶鞘色

评价：2 绿色。

2.31　叶片色

评价：5 绿色。

2.32　叶片卷曲度

评价：2 正卷（叶片的两边向下弯曲）。

2.33　剑叶长度

26.0 cm，评价：5 中。

2.34　剑叶宽度

1.4 cm，评价：5 中。

2.35　剑叶出叶角

26.0°，评价：5 中间型。

2.36　倒二叶长度

37.6 cm，评价：5 中。

2.37　倒二叶宽度

1.3 cm，评价：5 中。

2.38　倒二叶出叶角

28.2°，评价：1 直立。

2.39 叶耳颜色

评价：2 黄色。

2.40 叶舌颜色

评价：2 白色。

2.41 叶枕颜色

评价：1 绿色。

2.42 叶节颜色

评价：2 绿色。

2.43 茎秆角度

15.0°，评价：1 直立。

2.44 茎秆节的颜色

评价：1 浅绿色。

2.45 茎秆节间色

评价：1 黄色。

2.46 茎秆茎节包露

评价：1 包。

2.47 茎秆粗细

6.35 mm，评价：9 粗。

2.48 茎基粗

7.43 mm，评价：9 粗。

2.49 分蘖力

评价：1 强。

2.50 倒伏性

评价：3 中间型。

2.51 芒长

评价：1 无。

2.52 护颖色

评价：2 红色。

2.53 护颖长短

2.0 mm，评价：3 中。

2.54 颖尖色

评价：3 褐色。

2.55 颖色

评价：3 褐色。

2.56 落粒性

评价：5 中。

3 经济性状特性

3.1 有效穗数

9.5，评价：5 少。

3.2 每穗粒数

113.5，评价：5 中。

3.3 结实率

94.9%，评价：9 极高。

3.4 千粒重

27.3 g，评价：5 中。

§25　粗秆荔枝红

1　基本信息

1.1　种质编号

LV3205181。

1.2　种质名称

粗秆荔枝红。

1.3　种质外文名

Cu Gan Li Zhi Hong。

1.4　科名

Gramineae（禾本科）。

1.5　属名

Oryza（稻属）。

1.6　学名

Oryza sativa L.（水稻）。

1.7　原产国

中国（China）。

1.8　原产省

江苏省（Jiangsu）。

1.9　原产地

吴江（Wujiang）。

1.10　来源地

江苏省苏州市。

1.11　种质类型

地方品种。

1.12　图像

见彩插第25页。

1.13　观测地点

江苏省苏州市吴中区及昆山市。

2　形态特征和生物学特性

2.1　亚种类型

评价：1粳稻。

2.2　水旱性

评价：1水稻。

2.3　黏糯性

评价：1黏稻。

2.4　光温性

评价：3晚稻。

2.5　熟期性

评价：3晚熟。

2.6　播种期

20190601。

2.7　始穗期

20190913。

2.8　抽穗期

20190914。

2.9　齐穗期

20190916。

2.10　成熟期

20191105。

2.11　全生育期

158 d。

2.12　株高

140.1 cm，评价：9 高。

2.13　茎秆

茎秆长：118.7 cm。评价：9 长。

伸长节间数：6.4。

倒 1 节间长：36.6 cm。

倒 2 节间长：23.4 cm。

倒 3 节间长：19.3 cm。

倒 4 节间长：20.3 cm。

倒 5 节间长：13.2 cm。

倒 6 节间长：5.1 cm。

倒 7 节间长：0.9 cm。

2.14　穗长

21.4 cm，评价：5 中。

2.15　穗粒数

125.0，评价：5 中。

2.16　穗抽出度

7.0 cm，评价：3 抽出较好。

2.17　穗型

评价：5 中间型。

2.18　枝梗分布

评价：5 少。

一次枝梗数：11.3。

一次枝梗颖花数：59.7。

二次枝梗数：21.7。

二次枝梗颖花数：65.7。

2.19　穗立形状

主茎穗弯曲度：60.0°。

评价：7 弯曲。

2.20　谷粒长度

7.50 mm，评价：5 中。

2.21　谷粒宽度

3.51 mm，评价：7 宽。

2.22　谷粒厚度

2.20 mm。

2.23　谷粒形状

谷粒长宽比 = 2.14，评价：3 阔卵形。

2.24　糙米长度

5.56 mm，评价：5 中。

2.25　糙米宽度

3.32 mm，评价：9 宽。

2.26　糙米厚度

2.08 mm。

2.27　糙米形状

糙米长宽比 = 1.67，评价：1 近圆形。

2.28　种皮色

评价：1 白色。

2.29　芽鞘色

评价：1 无色。

2.30　叶鞘色

评价：2 绿色。

2.31　叶片色

评价：4 浅绿色。

2.32　叶片卷曲度

评价：2 正卷（叶片的两边向下弯曲）。

2.33　剑叶长度

27.9 cm，评价：5 中。

2.34　剑叶宽度

1.3 cm，评价：5 中。

2.35　剑叶出叶角

40.0°，评价：5 中间型。

2.36　倒二叶长度

39.9 cm，评价：5 中。

2.37　倒二叶宽度

1.2 cm，评价：5 中。

2.38　倒二叶出叶角

38.0°，评价：1 直立。

2.39　叶耳颜色

评价：2 黄色。

2.40　叶舌颜色

评价：2 白色。

2.41　叶枕颜色

评价：1 绿色。

2.42　叶节颜色

评价：2 绿色。

2.43　茎秆角度

15.0°，评价：1 直立。

2.44　茎秆节的颜色

评价：1 浅绿色。

2.45　茎秆节间色

评价：1 黄色。

2.46　茎秆茎节包露

评价：1 包。

2.47　茎秆粗细

8.50 mm，评价：9 粗。

2.48 茎基粗

9.70 mm，评价：9 粗。

2.49 分蘖力

评价：5 中。

2.50 倒伏性

评价：5 斜。

2.51 芒长

0.9 cm，评价：3 短。

2.52 芒色

评价：5 褐色。

2.53 芒分布

评价：9 多。

2.54 护颖色

评价：2 红色。

2.55 护颖长短

2.0 mm，评价：3 中。

2.56 颖尖色

评价：3 褐色。

2.57 颖色

评价：4 赤褐色。

2.58 落粒性

评价：3 低。

3 经济性状特性

3.1 有效穗数

11.0，评价：7 中。

3.2 每穗粒数

91.9，评价：5 中。

3.3 结实率

95.1%，评价：9 极高。

3.4 千粒重

29.2 g，评价：5 中。

§26 红壳稻

1 基本信息

1.1 种质编号

LV3205191。

1.2 种质名称

红壳稻。

1.3 种质外文名

Hong Ke Dao。

1.4 科名

Gramineae（禾本科）。

1.5 属名

Oryza（稻属）。

1.6 学名

Oryza sativa L.（水稻）。

1.7 原产国

中国（China）。

1.8 原产省

江苏省（Jiangsu）。

1.9 来源地

江苏省苏州市。

1.10 种质类型

地方品种。

1.11 图像

见彩插第26页。

1.12 观测地点

江苏省苏州市吴中区及昆山市。

2 形态特征和生物学特性

2.1 亚种类型

评价：1 粳稻。

2.2 水旱性

评价：1 水稻。

2.3 黏糯性

评价：1 黏稻。

2.4 光温性

评价：3 晚稻。

2.5 熟期性

评价：3 晚熟。

2.6 播种期

20190601。

2.7 始穗期

20190914。

2.8 抽穗期

20190916。

2.9 齐穗期

20190919。

2.10 成熟期

20191106。

2.11 全生育期

159 d。

2.12 株高

129.0 cm，评价：7 中高。

2.13 茎秆

茎秆长：111.6 cm。评价：9 长。

伸长节间数：6.1。

倒1节间长：40.9 cm。

倒2节间长：25.7 cm。

倒3节间长：22.3 cm。

倒4节间长：14.7 cm。

倒5节间长：7.5 cm。

倒6节间长：2.1 cm。

倒 7 节间长：0.3 cm。

2.14　穗长

20.5 cm，评价：5 中。

2.15　穗粒数

164.3，评价：5 中。

2.16　穗抽出度

10.9 cm，评价：1 抽出良好。

2.17　穗型

评价：5 中间型。

2.18　枝梗分布

评价：7 多。

一次枝梗数：12.7。

一次枝梗颖花数：69.0。

二次枝梗数：31.0。

二次枝梗颖花数：95.3。

2.19　穗立形状

主茎穗弯曲度：47.3°。

评价：5 半直立。

2.20　谷粒长度

7.35 mm，评价：5 中。

2.21　谷粒宽度

3.55 mm，评价：7 宽。

2.22　谷粒厚度

2.08 mm。

2.23　谷粒形状

谷粒长宽比 = 2.07，评价：3 阔卵形。

2.24　糙米长度

5.62 mm，评价：5 中。

2.25　糙米宽度

3.36 mm，评价：9 宽。

2.26　糙米厚度

1.96 mm。

2.27　糙米形状

糙米长宽比 = 1.67，评价：1 近圆形。

2.28　种皮色

评价：1 白色。

2.29　芽鞘色

评价：3 深紫色。

2.30　叶鞘色

评价：2 绿色。

2.31　叶片色

评价：5 绿色。

2.32　叶片卷曲度

评价：2 正卷（叶片的两边向下

弯曲)。

2.33 剑叶长度

26.3 cm，评价：5 中。

2.34 剑叶宽度

1.3 cm，评价：5 中。

2.35 剑叶出叶角

24.5°，评价：5 中间型。

2.36 倒二叶长度

40.7 cm，评价：5 中。

2.37 倒二叶宽度

1.0 cm，评价：1 窄。

2.38 倒二叶出叶角

40.0°，评价：1 直立。

2.39 叶耳颜色

评价：2 黄色。

2.40 叶舌颜色

评价：2 白色。

2.41 叶枕颜色

评价：1 绿色。

2.42 叶节颜色

评价：2 绿色。

2.43 茎秆角度

15.0°，评价：1 直立。

2.44 茎秆节的颜色

评价：1 浅绿色。

2.45 茎秆节间色

评价：1 黄色。

2.46 茎秆茎节包露

评价：1 包。

2.47 茎秆粗细

7.70 mm，评价：9 粗。

2.48 茎基粗

7.85 mm，评价：9 粗。

2.49 分蘖力

评价：1 强。

2.50 倒伏性

评价：5 斜。

2.51 芒长

0.2 cm，评价：3 短。

2.52 芒色

评价：5 褐色。

2.53 芒分布

评价：9 多。

2.54 护颖色

评价：1 黄色。

2.55 护颖长短

2.5 mm，评价：3 中。

2.56　颖尖色

评价：3 褐色。

2.57　颖色

评价：4 赤褐色。

2.58　落粒性

评价：5 中。

3　经济性状特性

3.1　有效穗数

9.6，评价：3 少。

3.2　每穗粒数

91.7，评价：5 中。

3.3　结实率

95.7%，评价：9 极高。

3.4　千粒重

30.0 g，评价：5 中。

§27　铁头红

1　基本信息

1.1　种质编号

LV3205198。

1.2　种质名称

铁头红。

1.3　种质外文名

Tie Tou Hong。

1.4　科名

Gramineae（禾本科）。

1.5　属名

Oryza（稻属）。

1.6　学名

Oryza sativa L.（水稻）。

1.7　原产国

中国（China）。

1.8　原产省

江苏省（Jiangsu）。

1.9　原产地

吴江（Wujiang）。

1.10　来源地

江苏省苏州市。

1.11　种质类型

地方品种。

1.12　图像

见彩插第 27 页。

1.13　观测地点

江苏省苏州市吴中区及昆山市。

2　形态特征和生物学特性

2.1　亚种类型

评价：1 粳稻。

2.2 水旱性

评价：1 水稻。

2.3 黏糯性

评价：1 黏稻。

2.4 光温性

评价：3 晚稻。

2.5 熟期性

评价：3 晚熟。

2.6 播种期

20190601。

2.7 始穗期

20190915。

2.8 抽穗期

20190917。

2.9 齐穗期

20190919。

2.10 成熟期

20191105。

2.11 全生育期

158 d。

2.12 株高

143.5 cm，评价：9 高。

2.13 茎秆

茎秆长：120.6 cm。评价：9 长。

伸长节间数：5.8。

倒 1 节间长：44.9 cm。

倒 2 节间长：28.7 cm。

倒 3 节间长：22.7 cm。

倒 4 节间长：16.4 cm。

倒 5 节间长：7.8 cm。

倒 6 节间长：1.8 cm。

2.14 穗长

23.1 cm，评价：5 中。

2.15 穗粒数

141.3，评价：5 中。

2.16 穗抽出度

11.2 cm，评价：1 抽出良好。

2.17 穗型

评价：5 中间型。

2.18 枝梗分布

评价：5 少。

一次枝梗数：12.3。

一次枝梗颖花数：63.3。

二次枝梗数：24.0。

二次枝梗颖花数：78.0。

2.19　穗立形状

主茎穗弯曲度：63.3°。

评价：7 弯曲。

2.20　谷粒长度

8.10 mm，评价：5 中。

2.21　谷粒宽度

3.46 mm，评价：5 中。

2.22　谷粒厚度

2.05 mm。

2.23　谷粒形状

谷粒长宽比 = 2.34，评价：5 椭圆形。

2.24　糙米长度

6.08 mm，评价：5 中。

2.25　糙米宽度

3.20 mm，评价：5 中。

2.26　糙米厚度

1.93 mm。

2.27　糙米形状

糙米长宽比 = 1.90，评价：3 椭圆形。

2.28　种皮色

评价：1 白色。

2.29　芽鞘色

评价：3 深紫色。

2.30　叶鞘色

评价：2 绿色。

2.31　叶片色

评价：5 绿色。

2.32　叶片卷曲度

评价：2 正卷（叶片的两边向下弯曲）。

2.33　剑叶长度

34.1 cm，评价：5 中。

2.34　剑叶宽度

1.4 cm，评价：5 中。

2.35　剑叶出叶角

27.8°，评价：5 中间型。

2.36　倒二叶长度

47.0 cm，评价：5 中。

2.37　倒二叶宽度

1.0 cm，评价：1 窄。

2.38　倒二叶出叶角

47.8°，评价：5 平展。

2.39　叶耳颜色

评价：2 黄色。

2.40 叶舌颜色

评价：2 白色。

2.41 叶枕颜色

评价：1 绿色。

2.42 叶节颜色

评价：2 绿色。

2.43 茎秆角度

15.0°，评价：1 直立。

2.44 茎秆节的颜色

评价：1 浅绿色。

2.45 茎秆节间色

评价：1 黄色。

2.46 茎秆茎节包露

评价：1 包。

2.47 茎秆粗细

7.70 mm，评价：9 粗。

2.48 茎基粗

7.80 mm，评价：9 粗。

2.49 分蘖力

评价：1 强。

2.50 倒伏性

评价：3 中间型。

2.51 芒长

1.3 cm，评价：5 中。

2.52 芒色

评价：5 褐色。

2.53 芒分布

评价：9 多。

2.54 护颖色

评价：2 红色。

2.55 护颖长短

2.5 mm，评价：3 中。

2.56 颖尖色

评价：3 褐色。

2.57 颖色

评价：4 赤褐色。

2.58 落粒性

评价：5 中。

3 经济性状特性

3.1 有效穗数

10.2，评价：7 中。

3.2 每穗粒数

85.2，评价：5 中。

3.3 结实率

94.6%，评价：9 极高。

3.4 千粒重

31.0 g，评价：7 高。

§28 芦头红

1 基本信息

1.1 种质编号

LV3205202。

1.2 种质名称

芦头红。

1.3 种质外文名

Lu Tou Hong。

1.4 科名

Gramineae（禾本科）。

1.5 属名

Oryza（稻属）。

1.6 学名

Oryza sativa L.（水稻）。

1.7 原产国

中国（China）。

1.8 原产省

江苏省（Jiangsu）。

1.9 原产地

吴江（Wujiang）。

1.10 来源地

江苏省苏州市。

1.11 种质类型

地方品种。

1.12 图像

见彩插第 28 页。

1.13 观测地点

江苏省苏州市吴中区及昆山市。

2 形态特征和生物学特性

2.1 亚种类型

评价：1 粳稻。

2.2 水旱性

评价：1 水稻。

2.3 黏糯性

评价：1 黏稻。

2.4 光温性

评价：3 晚稻。

2.5 熟期性

评价：3 晚熟。

2.6 播种期

20190601。

2.7 始穗期

20190914。

2.8 抽穗期

20190916。

2.9 齐穗期

20190918。

2.10 成熟期

20191106。

2.11 全生育期

159 d。

2.12 株高

136.2 cm，评价：9 高。

2.13 茎秆

茎秆长：116.3 cm。评价：9 长。

伸长节间数：6.5。

倒 1 节间长：41.1 cm。

倒 2 节间长：25.4 cm。

倒 3 节间长：20.0 cm。

倒 4 节间长：16.9 cm。

倒 5 节间长：9.9 cm。

倒 6 节间长：4.2 cm。

倒 7 节间长：1.6 cm。

2.14 穗长

19.0 cm，评价：3 短。

2.15 穗粒数

162.3，评价：5 中。

2.16 穗抽出度

11.8 cm，评价：1 抽出良好。

2.17 穗型

评价：5 中间型。

2.18 枝梗分布

评价：7 多。

一次枝梗数：13.7。

一次枝梗颖花数：79.0。

二次枝梗数：28.3。

二次枝梗颖花数：83.3。

2.19 穗立形状

主茎穗弯曲度：50.5°。

评价：7 弯曲。

2.20 谷粒长度

7.30 mm，评价：5 中。

2.21 谷粒宽度

3.55 mm，评价：7 宽。

2.22 谷粒厚度

2.22 mm。

2.23 谷粒形状

谷粒长宽比 = 2.06，评价：3 阔卵形。

2.24 糙米长度

5.28 mm，评价：1 短。

2.25　糙米宽度

3.18 mm，评价：5 中。

2.26　糙米厚度

2.08 mm。

2.27　糙米形状

糙米长宽比 = 1.66，评价：1 近圆形。

2.28　种皮色

评价：1 白色。

2.29　芽鞘色

评价：3 深紫色。

2.30　叶鞘色

评价：2 绿色。

2.31　叶片色

评价：5 绿色。

2.32　叶片卷曲度

评价：2 正卷（叶片的两边向下弯曲）。

2.33　剑叶长度

25.9 cm，评价：5 中。

2.34　剑叶宽度

1.5 cm，评价：5 中。

2.35　剑叶出叶角

17.3°，评价：1 直立。

2.36　倒二叶长度

35.7 cm，评价：5 中。

2.37　倒二叶宽度

1.2 cm，评价：5 中。

2.38　倒二叶出叶角

22.3°，评价：1 直立。

2.39　叶耳颜色

评价：2 黄色。

2.40　叶舌颜色

评价：2 白色。

2.41　叶枕颜色

评价：1 绿色。

2.42　叶节颜色

评价：2 绿色。

2.43　茎秆角度

15.0°，评价：1 直立。

2.44　茎秆节的颜色

评价：1 浅绿色。

2.45　茎秆节间色

评价：1 黄色。

2.46　茎秆茎节包露

评价：1 包。

2.47 茎秆粗细

8.30 mm，评价：9 粗。

2.48 茎基粗

8.40 mm，评价：9 粗。

2.49 分蘖力

评价：1 强。

2.50 倒伏性

评价：1 直。

2.51 芒长

评价：1 无。

2.52 护颖色

评价：2 红色。

2.53 护颖长短

2.0 mm，评价：3 中。

2.54 颖尖色

评价：3 褐色。

2.55 颖色

评价：4 赤褐色。

2.56 落粒性

评价：5 中。

3 经济性状特性

3.1 有效穗数

10.9，评价：7 中。

3.2 每穗粒数

86.9，评价：5 中。

3.3 结实率

96.2%，评价：9 极高。

3.4 千粒重

30.5 g，评价：7 高。

（四）黑稻

§29 黑种

1 基本信息

1.1 种质编号

LV3205184。

1.2 种质名称

黑种。

1.3 种质外文名

Hei Zhong。

1.4 科名

Gramineae（禾本科）。

1.5 属名

Oryza（稻属）。

1.6 学名

Oryza sativa L.（水稻）。

1.7 原产国

中国（China）。

1.8　原产省

江苏省（Jiangsu）。

1.9　原产地

吴江（Wujiang）

1.10　来源地

江苏省苏州市。

1.11　种质类型

地方品种。

1.12　图像

见彩插第 29 页。

1.13　观测地点

江苏省苏州市吴中区及昆山市。

2　形态特征和生物学特性

2.1　亚种类型

评价：1 粳稻。

2.2　水旱性

评价：1 水稻。

2.3　黏糯性

评价：1 黏稻。

2.4　光温性

评价：3 晚稻。

2.5　熟期性

评价：3 晚熟。

2.6　播种期

20190601。

2.7　始穗期

20190911。

2.8　抽穗期

20190912。

2.9　齐穗期

20190914。

2.10　成熟期

20191103。

2.11　全生育期

156 d。

2.12　株高

137.2 cm，评价：9 高。

2.13　茎秆

茎秆长：115.0 cm。评价：9 长。

伸长节间数：6.1。

倒 1 节间长：40.1 cm。

倒 2 节间长：25.8 cm。

倒 3 节间长：22.0 cm。

倒 4 节间长：16.5 cm。

倒 5 节间长：9.6 cm。

倒 6 节间长：2.9 cm。

倒 7 节间长：0.6 cm。

2.14 穗长

20.6 cm，评价：5 中。

2.15 穗粒数

103.5，评价：5 中。

2.16 穗抽出度

10.4 cm，评价：1 抽出良好。

2.17 穗型

评价：5 中间型。

2.18 枝梗分布

评价：5 少。

一次枝梗数：9.3。

一次枝梗颖花数：55.8。

二次枝梗数：15.7。

二次枝梗颖花数：47.7。

2.19 穗立形状

主茎穗弯曲度：50.0°。

评价：5 半直立。

2.20 谷粒长度

7.75 mm，评价：5 中。

2.21 谷粒宽度

3.80 mm，评价：7 宽。

2.22 谷粒厚度

2.15 mm。

2.23 谷粒形状

谷粒长宽比 = 2.04，评价：3 阔卵形。

2.24 糙米长度

5.90 mm，评价：5 中。

2.25 糙米宽度

3.60 mm，评价：9 宽。

2.26 糙米厚度

2.07 mm。

2.27 糙米形状

糙米长宽比 = 1.64，评价：1 近圆形。

2.28 种皮色

评价：3 褐色。

2.29 芽鞘色

评价：3 深紫色。

2.30 叶鞘色

评价：2 绿色。

2.31 叶片色

评价：4 绿色。

2.32 叶片卷曲度

评价：2 正卷（叶片的两边向下弯曲）。

2.33 剑叶长度

27.5 cm，评价：5 中。

2.34 剑叶宽度

1.3 cm，评价：5 中。

2.35 剑叶出叶角

41.3°，评价：5 中间型。

2.36 倒二叶长度

40.0 cm，评价：3 短。

2.37 倒二叶宽度

1.1 cm，评价：5 中。

2.38 倒二叶出叶角

34.7°，评价：1 直立。

2.39 叶耳颜色

评价：2 黄色。

2.40 叶舌颜色

评价：2 白色。

2.41 叶枕颜色

评价：1 绿色。

2.42 叶节颜色

评价：2 绿色。

2.43 茎秆角度

12.5°，评价：1 直立。

2.44 茎秆节的颜色

评价：1 浅绿色。

2.45 茎秆节间色

评价：1 黄色。

2.46 茎秆茎节包露

评价：1 包。

2.47 茎秆粗细

6.50 mm，评价：9 粗。

2.48 茎基粗

7.30 mm，评价：9 粗。

2.49 分蘖力

评价：9 弱。

2.50 倒伏性

评价：5 斜。

2.51 芒长

4.2 cm，评价：7 长。

2.52 芒色

评价：7 黑色。

2.53 芒分布

评价：9 多。

2.54 护颖色

评价：1 黄色。

2.55 护颖长短

2.5 mm，评价：3 中。

2.56 颖尖色

评价：5 黑色。

2.57 颖色

评价：5 紫黑色。

2.58 落粒性

评价：5 中。

3 经济性状特性

3.1 有效穗数

10.5，评价：7 中。

3.2 每穗粒数

74.4，评价：3 少。

3.3 结实率

96.6%，评价：9 极高。

3.4 千粒重

32.7 g，评价：7 高。

§30 鸡哽稻

1 基本信息

1.1 种质编号

LV3205186。

1.2 种质名称

鸡哽稻。

1.3 种质外文名

Ji Geng Dao。

1.4 科名

Gramineae（禾本科）。

1.5 属名

Oryza（稻属）。

1.6 学名

Oryza sativa L.（水稻）。

1.7 原产国

中国（China）。

1.8 原产省

江苏省（Jiangsu）。

1.9 来源地

江苏省苏州市。

1.10 种质类型

地方品种。

1.11 图像

见彩插第 30 页。

1.12 观测地点

江苏省苏州市吴中区及昆山市。

2 形态特征和生物学特性

2.1 亚种类型

评价：1 粳稻。

2.2　水旱性

评价：1 水稻。

2.3　黏糯性

评价：1 黏稻。

2.4　光温性

评价：2 中稻。

2.5　熟期性

评价：2 中熟。

2.6　播种期

20190601。

2.7　始穗期

20190910。

2.8　抽穗期

20190911。

2.9　齐穗期

20190913。

2.10　成熟期

20191102。

2.11　全生育期

155 d。

2.12　株高

129.6 cm，评价：7 中高。

2.13　茎秆

茎秆长：108.3 cm。评价：7 中长。

伸长节间数：5.8。

倒 1 节间长：40.1 cm。

倒 2 节间长：25.4 cm。

倒 3 节间长：20.7 cm。

倒 4 节间长：14.3 cm。

倒 5 节间长：7.3 cm。

倒 6 节间长：2.9 cm。

2.14　穗长

21.4 cm，评价：5 中。

2.15　穗粒数

133.7，评价：5 中。

2.16　穗抽出度

10.1 cm，评价：1 抽出良好。

2.17　穗型

评价：5 中间型。

2.18　枝梗分布

评价：7 多。

一次枝梗数：11.0。

一次枝梗颖花数：58.0。

二次枝梗数：24.0。

二次枝梗颖花数：75.7。

2.19　穗立形状

主茎穗弯曲度：65.3°。

评价：7 弯曲。

2.20　谷粒长度

7.80 mm，评价：5 中。

2.21　谷粒宽度

3.75 mm，评价：7 宽。

2.22　谷粒厚度

2.12 mm。

2.23　谷粒形状

谷粒长宽比＝2.08，评价：3 阔卵形。

2.24　糙米长度

5.90 mm，评价：5 中。

2.25　糙米宽度

3.70 mm，评价：9 宽。

2.26　糙米厚度

1.97 mm。

2.27　糙米形状

糙米长宽比＝1.59，评价：1 近圆形。

2.28　种皮色

评价：3 褐色。

2.29　芽鞘色

评价：3 深紫色。

2.30　叶鞘色

评价：2 绿色。

2.31　叶片色

评价：5 绿色。

2.32　叶片卷曲度

评价：2 正卷（叶片的两边向下弯曲）。

2.33　剑叶长度

30.2 cm，评价：5 中。

2.34　剑叶宽度

1.3 cm，评价：5 中。

2.35　剑叶出叶角

25.8°，评价：5 中间型。

2.36　倒二叶长度

41.7 cm，评价：5 中。

2.37　倒二叶宽度

1.0 cm，评价：1 窄。

2.38　倒二叶出叶角

32.5°，评价：1 直立。

2.39　叶耳颜色

评价：2 黄色。

2.40　叶舌颜色

评价：2 白色。

2.41　叶枕颜色

评价：1 绿色。

2.42　叶节颜色

评价：2 绿色。

2.43　茎秆角度

15.0°，评价：1 直立。

2.44　茎秆节的颜色

评价：1 浅绿色。

2.45　茎秆节间色

评价：1 黄色。

2.46　茎秆茎节包露

评价：1 包。

2.47　茎秆粗细

7.30 mm，评价：9 粗。

2.48　茎基粗

7.40 mm，评价：9 粗。

2.49　分蘖力

评价：9 弱。

2.50　倒伏性

评价：5 斜。

2.51　芒长

4.7 cm，评价：7 长。

2.52　芒色

评价：7 黑色。

2.53　芒分布

评价：9 多。

2.54　护颖色

评价：3 紫色。

2.55　护颖长短

2.5 mm，评价：3 中。

2.56　颖尖色

评价：5 黑色。

2.57　颖色

评价：5 紫黑色。

2.58　落粒性

评价：5 中。

3　经济性状特性

3.1　有效穗数

11.5，评价：7 中。

3.2　每穗粒数

71.9，评价：3 少。

3.3　结实率

97.7%，评价：9 极高。

3.4　千粒重

32.6 g，评价：7 高。

（五）糯稻

§31 早糯稻

1 基本信息

1.1 种质编号

LV3205193。

1.2 种质名称

早糯稻。

1.3 种质外文名

Zao Nuo Dao。

1.4 科名

Gramineae（禾本科）。

1.5 属名

Oryza（稻属）。

1.6 学名

Oryza sativa L.（水稻）。

1.7 原产国

中国（China）。

1.8 原产省

江苏省（Jiangsu）。

1.9 原产地

江阴（Jiangyin）。

1.10 来源地

江苏省苏州市。

1.11 种质类型

地方品种。

1.12 图像

见彩插第31页。

1.13 观测地点

江苏省苏州市吴中区及昆山市。

2 形态特征和生物学特性

2.1 亚种类型

评价：1粳稻。

2.2 水旱性

评价：1水稻。

2.3 黏糯性

评价：1糯稻。

2.4 光温性

评价：2中稻。

2.5 熟期性

评价：2中熟。

2.6 播种期

20190601。

2.7 始穗期

20190912。

2.8 抽穗期

20190913。

2.9 齐穗期

20190914。

2.10 成熟期

20191102。

2.11 全生育期

155 d。

2.12 株高

144.7 cm，评价：9 高。

2.13 茎秆

茎秆长：122.1 cm。评价：9 长。

伸长节间数：6.5。

倒 1 节间长：39.1 cm。

倒 2 节间长：25.6 cm。

倒 3 节间长：22.5 cm。

倒 4 节间长：17.1 cm。

倒 5 节间长：10.9 cm。

倒 6 节间长：5.2 cm。

倒 7 节间长：2.3 cm。

2.14 穗长

22.8 cm，评价：5 中。

2.15 穗粒数

137.3，评价：5 中。

2.16 穗抽出度

9.1 cm，评价：1 抽出良好。

2.17 穗型

评价：5 中间型。

2.18 枝梗分布

评价：7 多。

一次枝梗数：11.3。

一次枝梗颖花数：63.3。

二次枝梗数：23.3。

二次枝梗颖花数：74.0。

2.19 穗立形状

主茎穗弯曲度：73.5°。

评价：7 弯曲。

2.20 谷粒长度

7.25 mm，评价：5 中。

2.21 谷粒宽度

3.49 mm，评价：5 中。

2.22 谷粒厚度

2.17 mm。

2.23 谷粒形状

谷粒长宽比 = 2.08，评价：3 阔卵形。

2.24 糙米长度

5.74 mm，评价：5 中。

2.25 糙米宽度

3.18 mm，评价：5 中。

2.26 糙米厚度

2.06 mm。

2.27 糙米形状

糙米长宽比 = 1.81，评价：3 椭圆形。

2.28 种皮色

评价：1 白色。

2.29 芽鞘色

评价：1 无色。

2.30 叶鞘色

评价：3 紫色。

2.31 叶片色

评价：5 绿色。

2.32 叶片卷曲度

评价：1 不卷或卷度很小。

2.33 剑叶长度

28.9 cm，评价：5 中。

2.34 剑叶宽度

1.2 cm，评价：5 中。

2.35 剑叶出叶角

27.5°，评价：5 中间型。

2.36 倒二叶长度

44.8 cm，评价：5 中。

2.37 倒二叶宽度

0.8 cm，评价：1 窄。

2.38 倒二叶出叶角

32.0°，评价：1 直立。

2.39 叶耳颜色

评价：2 黄色。

2.40 叶舌颜色

评价：2 白色。

2.41 叶枕颜色

评价：1 绿色。

2.42 叶节颜色

评价：2 绿色。

2.43 茎秆角度

20.0°，评价：1 直立。

2.44 茎秆节的颜色

评价：1 浅绿色。

2.45 茎秆节间色

评价：1 黄色。

2.46 茎秆茎节包露

评价：1 包。

2.47 茎秆粗细

7.00 mm，评价：9 粗。

2.48 茎基粗

7.10 mm，评价：9 粗。

2.49 分蘖力

评价：5 中。

2.50 倒伏性

评价：9 伏。

2.51 芒长

1.0 cm，评价：3 短。

2.52 芒色

评价：5 褐色。

2.53 芒分布

评价：9 多。

2.54 护颖色

评价：1 黄色。

2.55 护颖长短

2.5 mm，评价：3 中。

2.56 颖尖色

评价：3 褐色。

2.57 颖色

评价：1 黄色。

2.58 落粒性

评价：5 中。

3 经济性状特性

3.1 有效穗数

10.3，评价：7 中。

3.2 每穗粒数

89.6，评价：5 中。

3.3 结实率

94.8%，评价：9 极高。

3.4 千粒重

25.5 g，评价：5 中。

§32 白壳糯

1 基本信息

1.1 种质编号

LV3205214。

1.2 种质名称

白壳糯。

1.3 种质外文名

Bai Ke Nuo。

1.4 科名

Gramineae（禾本科）。

1.5 属名

Oryza（稻属）。

1.6 学名

Oryza sativa L.（水稻）。

1.7 原产国

中国（China）。

1.8 原产省

江苏省（Jiangsu）。

1.9 原产地

吴中（Wuzhong）。

1.10 来源地

江苏省苏州市。

1.11 种质类型

地方品种。

1.12 图像

见彩插第 32 页。

1.13 观测地点

江苏省苏州市吴中区及昆山市。

2 形态特征和生物学特性

2.1 亚种类型

评价：1 粳稻。

2.2 水旱性

评价：1 水稻。

2.3 黏糯性

评价：1 糯稻。

2.4 光温性

评价：3 晚稻。

2.5 熟期性

评价：3 晚熟。

2.6 播种期

20190601。

2.7 始穗期

20190912。

2.8 抽穗期

20190914。

2.9 齐穗期

20190916。

2.10 成熟期

20191104。

2.11 全生育期

157 d。

2.12 株高

138.7 cm，评价：9 高。

2.13 茎秆

茎秆长：118.1 cm。评价：9 长。

伸长节间数：5.5。

倒 1 节间长：45.4 cm。

倒 2 节间长：27.2 cm。

倒 3 节间长：21.3 cm。

倒 4 节间长：15.5 cm。

倒 5 节间长：7.4 cm。

倒 6 节间长：0.7 cm。

2.14　穗长

22.6 cm，评价：5 中。

2.15　穗粒数

118.3，评价：5 中。

2.16　穗抽出度

12.8 cm，评价：1 抽出良好。

2.17　穗型

评价：5 中间型。

2.18　枝梗分布

评价：5 少。

一次枝梗数：12.3。

一次枝梗颖花数：68.3。

二次枝梗数：16.3。

二次枝梗颖花数：50.0。

2.19　穗立形状

主茎穗弯曲度：74.3°。

评价：7 弯曲。

2.20　谷粒长度

6.95 mm，评价：5 中。

2.21　谷粒宽度

3.36 mm，评价：7 宽。

2.22　谷粒厚度

2.03 mm。

2.23　谷粒形状

谷粒长宽比 = 2.07，评价：3 阔卵形。

2.24　糙米长度

5.46 mm，评价：1 短。

2.25　糙米宽度

3.10 mm，评价：5 中。

2.26　糙米厚度

1.95 mm。

2.27　糙米形状

糙米长宽比 = 1.76，评价：1 近圆形。

2.28　种皮色

评价：1 白色。

2.29　芽鞘色

评价：1 无色。

2.30　叶鞘色

评价：2 绿色。

2.31　叶片色

评价：4 浅绿色。

2.32 叶片卷曲度

评价：3 反卷（叶片的两边向上弯曲）。

2.33 剑叶长度

30.9 cm，评价：5 中。

2.34 剑叶宽度

1.3 cm，评价：5 中。

2.35 剑叶出叶角

45.5°，评价：5 中间型。

2.36 倒二叶长度

43.7 cm，评价：5 中。

2.37 倒二叶宽度

1.0 cm，评价：1 窄。

2.38 倒二叶出叶角

39.3°，评价：1 直立。

2.39 叶耳颜色

评价：2 黄色。

2.40 叶舌颜色

评价：2 白色。

2.41 叶枕颜色

评价：1 绿色。

2.42 叶节颜色

评价：2 绿色。

2.43 茎秆角度

15.0°，评价：1 直立。

2.44 茎秆节的颜色

评价：1 浅绿色。

2.45 茎秆节间色

评价：1 黄色。

2.46 茎秆茎节包露

评价：1 包。

2.47 茎秆粗细

6.70 mm，评价：9 粗。

2.48 茎基粗

6.75 mm，评价：9 粗。

2.49 分蘖力

评价：1 强。

2.50 倒伏性

评价：7 倒。

2.51 芒长

2.4 cm，评价：5 中。

2.52 芒色

评价：5 褐色。

2.53 芒分布

评价：9 多。

2.54 护颖色

评价：1 黄色。

2.55　护颖长短

2.5 mm，评价：3 中。

2.56　颖尖色

评价：3 褐色。

2.57　颖色

评价：1 黄色。

2.58　落粒性

评价：5 中。

3　经济性状特性

3.1　有效穗数

12.8，评价：7 中。

3.2　每穗粒数

77.4，评价：3 少。

3.3　结实率

88.8%，评价：7 高。

3.4　千粒重

26.8 g，评价：5 中。

§33　紫壳糯

1　基本信息

1.1　种质编号

LV3205218。

1.2　种质名称

紫壳糯。

1.3　种质外文名

Zi Ke Nuo。

1.4　科名

Gramineae（禾本科）。

1.5　属名

Oryza（稻属）。

1.6　学名

Oryza sativa L.（水稻）。

1.7　原产国

中国（China）。

1.8　原产省

江苏省（Jiangsu）。

1.9　原产地

宜兴（Yixing）。

1.10　来源地

江苏省苏州市。

1.11　种质类型

地方品种。

1.12　图像

见彩插第 33 页。

1.13　观测地点

江苏省苏州市吴中区及昆山市。

2　形态特征和生物学特性

2.1　亚种类型

评价：1 粳稻。

2.2　水旱性

评价：1 水稻。

2.3　黏糯性

评价：1 糯稻。

2.4　光温性

评价：2 中稻。

2.5　熟期性

评价：2 中熟。

2.6　播种期

20190601。

2.7　始穗期

20190910。

2.8　抽穗期

20190912。

2.9　齐穗期

20190914。

2.10　成熟期

20191102。

2.11　全生育期

155 d。

2.12　株高

148.0 cm，评价：9 高。

2.13　茎秆

茎秆长：124.7 cm。评价：9 长。

伸长节间数：6.0。

倒 1 节间长：46.7 cm。

倒 2 节间长：29.1 cm。

倒 3 节间长：22.7 cm。

倒 4 节间长：16.1 cm。

倒 5 节间长：9.0 cm。

倒 6 节间长：2.5 cm。

2.14　穗长

23.9 cm，评价：5 中。

2.15　穗粒数

107.0，评价：5 中。

2.16　穗抽出度

10.7 cm，评价：1 抽出良好。

2.17　穗型

评价：5 中间型。

2.18　枝梗分布

评价：5 少。

一次枝梗数：11.3。

一次枝梗颖花数：54.3。

二次枝梗数：17.7。

二次枝梗颖花数：52.7。

2.19　穗立形状

主茎穗弯曲度：65.0°。

评价：7 弯曲。

2.20　谷粒长度

7.62 mm，评价：5 中。

2.21　谷粒宽度

3.40 mm，评价：5 中。

2.22　谷粒厚度

2.06 mm。

2.23　谷粒形状

谷粒长宽比 = 2.24，评价：3 椭圆形。

2.24　糙米长度

5.52 mm，评价：5 中。

2.25　糙米宽度

2.93 mm，评价：5 中。

2.26　糙米厚度

1.87 mm。

2.27　糙米形状

糙米长宽比 = 1.88，评价：3 椭圆形。

2.28　种皮色

评价：1 白色。

2.29　芽鞘色

评价：1 无色。

2.30　叶鞘色

评价：1 黄色。

2.31　叶片色

评价：5 绿色。

2.32　叶片卷曲度

评价：1 不卷或卷度很小。

2.33　剑叶长度

29.8 cm，评价：5 中。

2.34　剑叶宽度

1.1 cm，评价：5 中。

2.35　剑叶出叶角

34.0°，评价：5 中间型。

2.36　倒二叶长度

48.2 cm，评价：5 中。

2.37　倒二叶宽度

0.8 cm，评价：1 窄。

2.38　倒二叶出叶角

27.0°，评价：1 直立。

2.39　叶耳颜色

评价：2 黄色。

2.40　叶舌颜色

评价：2 白色。

2.41　叶枕颜色

评价：1 绿色。

2.42　叶节颜色

评价：2 绿色。

2.43　茎秆角度

15.0°，评价：1 直立。

2.44　茎秆节的颜色

评价：1 浅绿色。

2.45　茎秆节间色

评价：1 黄色。

2.46　茎秆茎节包露

评价：1 包。

2.47　茎秆粗细

6.70 mm，评价：9 粗。

2.48　茎基粗

6.85 mm，评价：9 粗。

2.49　分蘖力

评价：5 中。

2.50　倒伏性

评价：9 伏。

2.51　芒长

2.5 cm，评价：5 中。

2.52　芒色

评价：6 紫色。

2.53　芒分布

评价：9 多。

2.54　护颖色

评价：2 红色。

2.55　护颖长短

2.0 mm，评价：3 中。

2.56　颖尖色

评价：4 紫色。

2.57　颖色

评价：5 紫黑色。

2.58　落粒性

评价：3 低。

3　经济性状特性

3.1　有效穗数

14.9，评价：7 中。

3.2　每穗粒数

67.7，评价：3 少。

3.3　结实率

93.1%，评价：9 极高。

3.4　千粒重

24.8 g，评价：5 中。

§34　红壳糯

1　基本信息

1.1　种质编号

LV3205219。

1.2　种质名称

红壳糯。

1.3　种质外文名

Hong Ke Nuo。

1.4　科名

Gramineae（禾本科）。

1.5　属名

Oryza（稻属）。

1.6　学名

Oryza sativa L.（水稻）。

1.7　原产国

中国（China）。

1.8　原产省

江苏省（Jiangsu）。

1.9　原产地

吴江（Wujiang）。

1.10　来源地

江苏省苏州市。

1.11　种质类型

地方品种。

1.12　图像

见彩插第 34 页。

1.13　观测地点

江苏省苏州市吴中区及昆山市。

2　形态特征和生物学特性

2.1　亚种类型

评价：1 粳稻。

2.2　水旱性

评价：1 水稻。

2.3　黏糯性

评价：1 糯稻。

2.4　光温性

评价：2 中稻。

2.5　熟期性

评价：2 中熟。

2.6　播种期

20190601。

2.7　始穗期

20190910。

2.8　抽穗期

20190912。

2.9 齐穗期

20190914。

2.10 成熟期

20191101。

2.11 全生育期

154 d。

2.12 株高

147.4 cm，评价：9 高。

2.13 茎秆

茎秆长：125.0 cm。评价：9 长。

伸长节间数：6.0。

倒 1 节间长：45.5 cm。

倒 2 节间长：26.9 cm。

倒 3 节间长：22.9 cm。

倒 4 节间长：12.4 cm。

倒 5 节间长：7.9 cm。

倒 6 节间长：2.5 cm。

2.14 穗长

23.3 cm，评价：5 中。

2.15 穗粒数

158.3，评价：5 中。

2.16 穗抽出度

12.1 cm，评价：1 抽出良好。

2.17 穗型

评价：5 中间型。

2.18 枝梗分布

评价：5 少。

一次枝梗数：14.3。

一次枝梗颖花数：82.7。

二次枝梗数：24.0。

二次枝梗颖花数：75.7。

2.19 穗立形状

主茎穗弯曲度：77.5°。

评价：7 弯曲。

2.20 谷粒长度

7.24 mm，评价：5 中。

2.21 谷粒宽度

3.72 mm，评价：7 宽。

2.22 谷粒厚度

2.27 mm。

2.23 谷粒形状

谷粒长宽比 = 1.95，评价：3 阔卵形。

2.24 糙米长度

5.48 mm，评价：1 短。

2.25 糙米宽度

3.20 mm，评价：5 中。

2.26 糙米厚度

2.17 mm。

2.27 糙米形状

糙米长宽比 = 1.71，评价：1 近圆形。

2.28 种皮色

评价：1 白色。

2.29 芽鞘色

评价：1 无色。

2.30 叶鞘色

评价：2 绿色。

2.31 叶片色

评价：5 绿色。

2.32 叶片卷曲度

评价：1 不卷或卷度很小。

2.33 剑叶长度

28.9 cm，评价：5 中。

2.34 剑叶宽度

1.4 cm，评价：5 中。

2.35 剑叶出叶角

30.8°，评价：5 中间型。

2.36 倒二叶长度

42.1 cm，评价：5 中。

2.37 倒二叶宽度

1.3 cm，评价：5 中。

2.38 倒二叶出叶角

50.5°，评价：5 平展。

2.39 叶耳颜色

评价：2 黄色。

2.40 叶舌颜色

评价：2 白色。

2.41 叶枕颜色

评价：1 绿色。

2.42 叶节颜色

评价：2 绿色。

2.43 茎秆角度

20.0°，评价：1 直立。

2.44 茎秆节的颜色

评价：1 浅绿色。

2.45 茎秆节间色

评价：1 黄色。

2.46 茎秆茎节包露

评价：1 包。

2.47 茎秆粗细

7.70 mm，评价：9 粗。

2.48 茎基粗

7.75 mm，评价：9 粗。

2.49 分蘖力

评价：9 弱。

2.50 倒伏性

评价：7 倒。

2.51 芒长

3.7 cm，评价：7 长。

2.52 芒色

评价：5 褐色。

2.53 芒分布

评价：9 多。

2.54 护颖色

评价：1 黄色。

2.55 护颖长短

2.5 mm，评价：3 中。

2.56 颖尖色

评价：3 褐色。

2.57 颖色

评价：4 赤褐色。

2.58 落粒性

评价：5 中。

3 经济性状特性

3.1 有效穗数

9.7，评价：5 少。

3.2 每穗粒数

89.1，评价：5 中。

3.3 结实率

95.3%，评价：9 极高。

3.4 千粒重

29.6 g，评价：5 中。

§35 红芒香粳糯

1 基本信息

1.1 种质编号

LV3205228。

1.2 种质名称

红芒香粳糯。

1.3 种质外文名

Hong Mang Xiang Jing Nuo。

1.4 科名

Gramineae（禾本科）。

1.5 属名

Oryza（稻属）。

1.6 学名

Oryza sativa L.（水稻）。

1.7　原产国

中国（China）。

1.8　原产省

江苏省（Jiangsu）。

1.9　原产地

武进（Wujin）。

1.10　来源地

江苏省苏州市。

1.11　种质类型

地方品种。

1.12　图像

见彩插第35页。

1.13　观测地点

江苏省苏州市吴中区及昆山市。

2　形态特征和生物学特性

2.1　亚种类型

评价：1粳稻。

2.2　水旱性

评价：1水稻。

2.3　黏糯性

评价：1糯稻。

2.4　光温性

评价：2中稻。

2.5　熟期性

评价：2中熟。

2.6　播种期

20190601。

2.7　始穗期

20190910。

2.8　抽穗期

20190912。

2.9　齐穗期

20190914。

2.10　成熟期

20191101。

2.11　全生育期

154 d。

2.12　株高

154.5 cm，评价：9高。

2.13　茎秆

茎秆长：130.1 cm。评价：9长。

伸长节间数：5.8。

倒1节间长：55.2 cm。

倒2节间长：30.3 cm。

倒3节间长：22.1 cm。

倒4节间长：15.7 cm。

倒 5 节间长：7.0 cm。

倒 6 节间长：1.3 cm。

2.14　穗长

25.4 cm，评价：5 中。

2.15　穗粒数

114.7，评价：5 中。

2.16　穗抽出度

20.0 cm，评价：1 抽出良好。

2.17　穗型

评价：5 中间型。

2.18　枝梗分布

评价：5 少。

一次枝梗数：10.0。

一次枝梗颖花数：55.0。

二次枝梗数：19.3。

二次枝梗颖花数：59.7。

2.19　穗立形状

主茎穗弯曲度：78.5°。

评价：7 弯曲。

2.20　谷粒长度

7.24 mm，评价：5 中。

2.21　谷粒宽度

3.65 mm，评价：7 宽。

2.22　谷粒厚度

2.16 mm。

2.23　谷粒形状

谷粒长宽比 = 1.98，评价：3 阔卵形。

2.24　糙米长度

5.46 mm，评价：1 短。

2.25　糙米宽度

3.18 mm，评价：5 中。

2.26　糙米厚度

2.06 mm。

2.27　糙米形状

糙米长宽比 = 1.72，评价：1 近圆形。

2.28　种皮色

评价：1 白色。

2.29　芽鞘色

评价：1 无色。

2.30　叶鞘色

评价：2 绿色。

2.31　叶片色

评价：4 浅绿色。

2.32　叶片卷曲度

评价：2 正卷（叶片的两边向下弯曲）。

2.33　剑叶长度

38.2 cm，评价：5 中。

2.34　剑叶宽度

1.2 cm，评价：5 中。

2.35　剑叶出叶角

49.5°，评价：5 中间型。

2.36　倒二叶长度

52.3 cm，评价：5 中。

2.37　倒二叶宽度

0.9 cm，评价：1 窄。

2.38　倒二叶出叶角

83.0°，评价：5 平展。

2.39　叶耳颜色

评价：2 黄色。

2.40　叶舌颜色

评价：2 白色。

2.41　叶枕颜色

评价：1 绿色。

2.42　叶节颜色

评价：2 绿色。

2.43　茎秆角度

25.0°，评价：1 直立。

2.44　茎秆节的颜色

评价：1 浅绿色。

2.45　茎秆节间色

评价：1 黄色。

2.46　茎秆茎节包露

评价：1 包。

2.47　茎秆粗细

7.00 mm，评价：9 粗。

2.48　茎基粗

7.10 mm，评价：9 粗。

2.49　分蘖力

评价：5 中。

2.50　倒伏性

评价：3 中间型。

2.51　芒长

7.1 mm，评价：9 特长。

2.52　芒色

评价：5 褐色。

2.53　芒分布

评价：9 多。

2.54　护颖色

评价：1 黄色。

2.55 护颖长短

2.0 mm，评价：3 中。

2.56 颖尖色

评价：3 褐色。

2.57 颖色

评价：3 褐色。

2.58 落粒性

评价：5 中。

3 经济性状特性

3.1 有效穗数

10.9，评价：7 中。

3.2 每穗粒数

86.4，评价：5 中。

3.3 结实率

95.2%，评价：9 极高。

3.4 千粒重

28.3 g，评价：5 中。

§36 香芝糯

1 基本信息

1.1 种质编号

LV3205229。

1.2 种质名称

香芝糯。

1.3 种质外文名

Xiang Zhi Nuo。

1.4 科名

Gramineae（禾本科）。

1.5 属名

Oryza（稻属）。

1.6 学名

Oryza sativa L.（水稻）。

1.7 原产国

中国（China）。

1.8 原产省

江苏省（Jiangsu）。

1.9 原产地

吴中（Wuzhong）。

1.10 来源地

江苏省苏州市。

1.11 种质类型

地方品种。

1.12 图像

见彩插第 36 页。

1.13 观测地点

江苏省苏州市吴中区及昆山市。

2　形态特征和生物学特性

2.1　亚种类型

评价：1 粳稻。

2.2　水旱性

评价：1 水稻。

2.3　黏糯性

评价：1 糯稻。

2.4　光温性

评价：3 晚稻。

2.5　熟期性

评价：3 晚熟。

2.6　播种期

20190601。

2.7　始穗期

20190912。

2.8　抽穗期

20190914。

2.9　齐穗期

20190916。

2.10　成熟期

20191103。

2.11　全生育期

156 d。

2.12　株高

146.3 cm，评价：9 高。

2.13　茎秆

茎秆长：126.2 cm。评价：9 长。

伸长节间数：6.1。

倒 1 节间长：45.5 cm。

倒 2 节间长：26.8 cm。

倒 3 节间长：23.5 cm。

倒 4 节间长：17.1 cm。

倒 5 节间长：9.4 cm。

倒 6 节间长：4.0 cm。

倒 7 节间长：0.4 cm。

2.14　穗长

20.9 cm，评价：5 中。

2.15　穗粒数

96.7，评价：3 少。

2.16　穗抽出度

13.9 cm，评价：1 抽出良好。

2.17　穗型

评价：5 中间型。

2.18　枝梗分布

评价：5 少。

一次枝梗数：10.7。

一次枝梗颖花数：57.0。

二次枝梗数：13.0。

二次枝梗颖花数：39.7。

2.19 穗立形状

主茎穗弯曲度：72.0°。

评价：7 弯曲。

2.20 谷粒长度

7.49 mm，评价：5 中。

2.21 谷粒宽度

3.62 mm，评价：7 宽。

2.22 谷粒厚度

2.18 mm。

2.23 谷粒形状

谷粒长宽比＝2.07，评价：3 阔卵形。

2.24 糙米长度

5.82 mm，评价：5 中。

2.25 糙米宽度

3.08 mm，评价：5 中。

2.26 糙米厚度

1.99 mm。

2.27 糙米形状

糙米长宽比＝1.89，评价：3 椭圆形。

2.28 种皮色

评价：1 白色。

2.29 芽鞘色

评价：1 无色。

2.30 叶鞘色

评价：2 绿色。

2.31 叶片色

评价：5 绿色。

2.32 叶片卷曲度

评价：1 不卷或卷度很小。

2.33 剑叶长度

29.6 cm，评价：5 中。

2.34 剑叶宽度

1.2 cm，评价：5 中。

2.35 剑叶出叶角

55.3°，评价：5 中间型。

2.36 倒二叶长度

41.3 cm，评价：5 中。

2.37 倒二叶宽度

1.0 cm，评价：1 窄。

2.38 倒二叶出叶角

60.0°，评价：5 平展。

2.39　叶耳颜色

评价：2 黄色。

2.40　叶舌颜色

评价：2 白色。

2.41　叶枕颜色

评价：1 绿色。

2.42　叶节颜色

评价：2 绿色。

2.43　茎秆角度

20.0°，评价：1 直立。

2.44　茎秆节的颜色

评价：1 浅绿色。

2.45　茎秆节间色

评价：1 黄色。

2.46　茎秆茎节包露

评价：1 包。

2.47　茎秆粗细

7.00 mm，评价：9 粗。

2.48　茎基粗

7.50 mm，评价：9 粗。

2.49　分蘖力

评价：5 中。

2.50　倒伏性

评价：9 伏。

2.51　芒长

2.2 cm，评价：5 中。

2.52　芒色

评价：5 褐色。

2.53　芒分布

评价：9 多。

2.54　护颖色

评价：1 黄色。

2.55　护颖长短

2.5 mm，评价：3 中。

2.56　颖尖色

评价：3 褐色。

2.57　颖色

评价：1 黄色。

2.58　落粒性

评价：5 中。

3　经济性状特性

3.1　有效穗数

11.0，评价：7 中。

3.2　每穗粒数

77.5，评价：3 少。

3.3 结实率

89.7%，评价：7 高。

3.4 千粒重

26.6 g，评价：5 中。

§37 香珠糯

1 基本信息

1.1 种质编号

LV3205230。

1.2 种质名称

香珠糯。

1.3 种质外文名

Xiang Zhu Nuo。

1.4 科名

Gramineae（禾本科）。

1.5 属名

Oryza（稻属）。

1.6 学名

Oryza sativa L.（水稻）。

1.7 原产国

中国（China）。

1.8 原产省

江苏省（Jiangsu）。

1.9 原产地

常熟（Changshu）。

1.10 来源地

江苏省苏州市。

1.11 种质类型

地方品种。

1.12 图像

见彩插第 37 页。

1.13 观测地点

江苏省苏州市吴中区及昆山市。

2 形态特征和生物学特性

2.1 亚种类型

评价：1 粳稻。

2.2 水旱性

评价：1 水稻。

2.3 黏糯性

评价：1 糯稻。

2.4 光温性

评价：2 中稻。

2.5 熟期性

评价：3 中熟。

2.6 播种期

20190601。

2.7 始穗期

20190910。

2.8　抽穗期

20190911。

2.9　齐穗期

20190912。

2.10　成熟期

20191031。

2.11　全生育期

153 d。

2.12　株高

144.6 cm，评价：9 高。

2.13　茎秆

茎秆长：121.0 cm。评价：9 长。

伸长节间数：6.0。

倒 1 节间长：46.9 cm。

倒 2 节间长：29.7 cm。

倒 3 节间长：22.5 cm。

倒 4 节间长：13.0 cm。

倒 5 节间长：7.7 cm。

倒 6 节间长：2.5 cm。

2.14　穗长

23.1 cm，评价：5 中。

2.15　穗粒数

126.7，评价：5 中。

2.16　穗抽出度

12.4 cm，评价：1 抽出良好。

2.17　穗型

评价：5 中间型。

2.18　枝梗分布

评价：5 少。

一次枝梗数：12.0。

一次枝梗颖花数：68.7。

二次枝梗数：18.7。

二次枝梗颖花数：58.0。

2.19　穗立形状

主茎穗弯曲度：82.5°。

评价：7 弯曲。

2.20　谷粒长度

6.69 mm，评价：5 中。

2.21　谷粒宽度

3.55 mm，评价：7 宽。

2.22　谷粒厚度

2.18 mm。

2.23　谷粒形状

谷粒长宽比 = 1.88，评价：3 阔卵形。

2.24 糙米长度

5.08 mm，评价：1 短。

2.25 糙米宽度

3.06 mm，评价：5 中。

2.26 糙米厚度

2.10 mm。

2.27 糙米形状

糙米长宽比 = 1.66，评价：1 近圆形。

2.28 种皮色

评价：1 白色。

2.29 芽鞘色

评价：1 无色。

2.30 叶鞘色

评价：2 绿色。

2.31 叶片色

评价：5 绿色。

2.32 叶片卷曲度

评价：2 正卷（叶片的两边向下弯曲）。

2.33 剑叶长度

35.7 cm，评价：7 长。

2.34 剑叶宽度

1.4 cm，评价：5 中。

2.35 剑叶出叶角

22.0°，评价：5 中间型。

2.36 倒二叶长度

48.7 cm，评价：5 中。

2.37 倒二叶宽度

1.1 cm，评价：5 中。

2.38 倒二叶出叶角

29.5°，评价：1 直立。

2.39 叶耳颜色

评价：2 黄色。

2.40 叶舌颜色

评价：2 白色。

2.41 叶枕颜色

评价：1 绿色。

2.42 叶节颜色

评价：2 绿色。

2.43 茎秆角度

15.0°，评价：1 直立。

2.44 茎秆节的颜色

评价：1 浅绿色。

2.45 茎秆节间色

评价：1 黄色。

2.46　茎秆茎节包露

评价：1 包。

2.47　茎秆粗细

7.00 mm，评价：9 粗。

2.48　茎基粗

7.10 mm，评价：9 粗。

2.49　分蘖力

评价：5 中。

2.50　倒伏性

评价：1 直。

2.51　芒长

4.4 cm，评价：7 长。

2.52　芒色

评价：7 黑色。

2.53　芒分布

评价：9 多。

2.54　护颖色

评价：1 黄色。

2.55　护颖长短

2.0 mm，评价：3 中。

2.56　颖尖色

评价：5 黑色。

2.57　颖色

评价：1 黄色。

2.58　落粒性

评价：5 中。

3　经济性状特性

3.1　有效穗数

10.9，评价：7 中。

3.2　每穗粒数

76.2，评价：3 少。

3.3　结实率

91.0%，评价：9 极高。

3.4　千粒重

24.8 g，评价：5 中。

§38　香糯稻

1　基本信息

1.1　种质编号

LV3205232。

1.2　种质名称

香糯稻。

1.3　种质外文名

Xiang Nuo Dao。

1.4　科名

Gramineae（禾本科）。

1.5　属名

Oryza（稻属）。

1.6 学名

Oryza sativa L.（水稻）。

1.7 原产国

中国（China）。

1.8 原产省

江苏省（Jiangsu）。

1.9 原产地

溧阳（Liyang）。

1.10 来源地

江苏省苏州市。

1.11 种质类型

地方品种。

1.12 图像

见彩插第 38 页。

1.13 观测地点

江苏省苏州市吴中区及昆山市。

2 形态特征和生物学特性

2.1 亚种类型

评价：1 粳稻。

2.2 水旱性

评价：1 水稻。

2.3 黏糯性

评价：1 糯稻。

2.4 光温性

评价：3 晚稻。

2.5 熟期性

评价：3 晚熟。

2.6 播种期

20190601。

2.7 始穗期

20190913。

2.8 抽穗期

20190914。

2.9 齐穗期

20190915。

2.10 成熟期

20191104。

2.11 全生育期

157 d。

2.12 株高

137.4 cm，评价：9 高。

2.13 茎秆

茎秆长：115.7 cm。评价：9 长。

伸长节间数：6.0。

倒 1 节间长：41.2 cm。

倒 2 节间长：24.8 cm。

倒 3 节间长：21.6 cm。

倒 4 节间长：15.7 cm。

倒 5 节间长：9.1 cm。

倒 6 节间长：3.6 cm。

2.14　穗长

21.1 cm，评价：5 中。

2.15　穗粒数

145.3，评价：5 中。

2.16　穗抽出度

11.8 cm，评价：1 抽出良好。

2.17　穗型

评价：5 中间型。

2.18　枝梗分布

评价：7 多。

一次枝梗数：12.0。

一次枝梗颖花数：67.0。

二次枝梗数：25.0。

二次枝梗颖花数：78.3。

2.19　穗立形状

主茎穗弯曲度：70.0°。

评价：7 弯曲。

2.20　谷粒长度

6.18 mm，评价：5 中。

2.21　谷粒宽度

3.41 mm，评价：5 中。

2.22　谷粒厚度

2.08 mm。

2.23　谷粒形状

谷粒长宽比 = 1.81，评价：3 阔卵形。

2.24　糙米长度

4.76 mm，评价：1 短。

2.25　糙米宽度

3.00 mm，评价：5 中。

2.26　糙米厚度

2.00 mm。

2.27　糙米形状

糙米长宽比 = 1.59，评价：1 近圆形。

2.28　种皮色

评价：1 白色。

2.29　芽鞘色

评价：1 无色。

2.30　叶鞘色

评价：2 绿色。

2.31 叶片色

评价：5 绿色。

2.32 叶片卷曲度

评价：1 不卷或卷度很小。

2.33 剑叶长度

30.8 cm，评价：5 中。

2.34 剑叶宽度

1.1 cm，评价：5 中。

2.35 剑叶出叶角

44.0°，评价：5 中间型。

2.36 倒二叶长度

42.8 cm，评价：5 中。

2.37 倒二叶宽度

1.1 cm，评价：5 中。

2.38 倒二叶出叶角

37.5°，评价：1 直立。

2.39 叶耳颜色

评价：2 黄色。

2.40 叶舌颜色

评价：2 白色。

2.41 叶枕颜色

评价：1 绿色。

2.42 叶节颜色

评价：2 绿色。

2.43 茎秆角度

20.0°，评价：1 直立。

2.44 茎秆节的颜色

评价：1 浅绿色。

2.45 茎秆节间色

评价：1 黄色。

2.46 茎秆茎节包露

评价：1 包。

2.47 茎秆粗细

7.30 mm，评价：9 粗。

2.48 茎基粗

7.40 mm，评价：9 粗。

2.49 分蘖力

评价：1 强。

2.50 倒伏性

评价：9 伏。

2.51 芒长

8.3 cm，评价：9 特长。

2.52 芒色

评价：5 褐色。

2.53 芒分布

评价：9 多。

2.54 护颖色

评价：2 红色。

2.55 护颖长短

2.0 mm，评价：3 中。

2.56 颖尖色

评价：3 褐色。

2.57 颖色

评价：3 褐色。

2.58 落粒性

评价：5 中。

3 经济性状特性

3.1 有效穗数

14.8，评价：7 中。

3.2 每穗粒数

77.6，评价：3 少。

3.3 结实率

86.1%，评价：7 高。

3.4 千粒重

22.3 g，评价：5 中。

§39 槐花糯

1 基本信息

1.1 种质编号

LV3205242。

1.2 种质名称

槐花糯。

1.3 种质外文名

Huai Hua Nuo。

1.4 科名

Gramineae（禾本科）。

1.5 属名

Oryza（稻属）。

1.6 学名

Oryza sativa L.（水稻）。

1.7 原产国

中国（China）。

1.8 原产省

江苏省（Jiangsu）。

1.9 原产地

1.10 来源地

江苏省苏州市。

1.11 种质类型

地方品种。

1.12 图像

见彩插第 39 页。

1.13 观测地点

江苏省苏州市吴中区及昆山市。

2　形态特征和生物学特性

2.1　亚种类型

评价：1粳稻。

2.2　水旱性

评价：1水稻。

2.3　黏糯性

评价：1糯稻。

2.4　光温性

评价：2中稻。

2.5　熟期性

评价：2中熟。

2.6　播种期

20190601。

2.7　始穗期

20190910。

2.8　抽穗期

20190911。

2.9　齐穗期

20190912。

2.10　成熟期

20191031。

2.11　全生育期

153 d。

2.12　株高

145.9 cm，评价：9高。

2.13　茎秆

茎秆长：123.7 cm。评价：9长。

伸长节间数：6.0。

倒1节间长：43.4 cm。

倒2节间长：28.3 cm。

倒3节间长：25.4 cm。

倒4节间长：15.8 cm。

倒5节间长：8.9 cm。

倒6节间长：3.0 cm。

2.14　穗长

22.2 cm，评价：5中。

2.15　穗粒数

120.0，评价：5中。

2.16　穗抽出度

10.2 cm，评价：1抽出良好。

2.17　穗型

评价：5中间型。

2.18　枝梗分布

评价：5少。

一次枝梗数：11.3。

一次枝梗颖花数：64.7。

二次枝梗数：18.7。

二次枝梗颖花数：55.3。

2.19　穗立形状

主茎穗弯曲度：84.3°。

评价：7 弯曲。

2.20　谷粒长度

6.96 mm，评价：5 中。

2.21　谷粒宽度

3.45 mm，评价：5 中。

2.22　谷粒厚度

2.29 mm。

2.23　谷粒形状

谷粒长宽比 = 2.02，评价：3 阔卵形。

2.24　糙米长度

5.10 mm，评价：1 短。

2.25　糙米宽度

3.02 mm，评价：5 中。

2.26　糙米厚度

2.17 mm。

2.27　糙米形状

糙米长宽比 = 1.69，评价：1 近圆形。

2.28　种皮色

评价：1 白色。

2.29　芽鞘色

评价：1 无色。

2.30　叶鞘色

评价：2 绿色。

2.31　叶片色

评价：5 绿色。

2.32　叶片卷曲度

评价：2 正卷（叶片的两边向下弯曲）。

2.33　剑叶长度

31.3 cm，评价：5 中。

2.34　剑叶宽度

1.4 cm，评价：5 中。

2.35　剑叶出叶角

33.8°，评价：5 中间型。

2.36　倒二叶长度

45.7 cm，评价：5 中。

2.37　倒二叶宽度

1.2 cm，评价：5 中。

2.38　倒二叶出叶角

28.8°，评价：1 直立。

2.39　叶耳颜色

评价：2 黄色。

2.40　叶舌颜色

评价：2 白色。

2.41　叶枕颜色

评价：1 绿色。

2.42　叶节颜色

评价：2 绿色。

2.43　茎秆角度

15.0°，评价：1 直立。

2.44　茎秆节的颜色

评价：1 浅绿色。

2.45　茎秆节间色

评价：1 黄色。

2.46　茎秆茎节包露

评价：1 包。

2.47　茎秆粗细

7.70 mm，评价：9 粗。

2.48　茎基粗

7.85 mm，评价：9 粗。

2.49　分蘖力

评价：5 中。

2.50　倒伏性

评价：9 伏。

2.51　芒长

1.5 cm，评价：5 中。

2.52　芒色

评价：5 褐色。

2.53　芒分布

评价：9 多。

2.54　护颖色

评价：1 黄色。

2.55　护颖长短

2.5 mm，评价：3 中。

2.56　颖尖色

评价：3 褐色。

2.57　颖色

评价：2 银灰色。

2.58　落粒性

评价：5 中。

3　经济性状特性

3.1　有效穗数

11.8，评价：7 中。

3.2　每穗粒数

55.0，评价：3 少。

3.3　结实率

94.8%，评价：9 极高。

3.4　千粒重

27.0 g，评价：5 中。

§40　洋糯稻

1　基本信息

1.1　种质编号

LV3205243。

1.2　种质名称

洋糯稻。

1.3　种质外文名

Yang Nuo Dao。

1.4　科名

Gramineae（禾本科）。

1.5　属名

Oryza（稻属）。

1.6　学名

Oryza sativa L.（水稻）。

1.7　原产国

中国（China）。

1.8　原产省

江苏省（Jiangsu）。

1.9　原产地

吴江（Wujiang）。

1.10　来源地

江苏省苏州市。

1.11　种质类型

地方品种。

1.12　图像

见彩插第40页。

1.13　观测地点

江苏省苏州市吴中区及昆山市。

2　形态特征和生物学特性

2.1　亚种类型

评价：1 粳稻。

2.2　水旱性

评价：1 水稻。

2.3　黏糯性

评价：1 糯稻。

2.4　光温性

评价：2 中稻。

2.5　熟期性

评价：2 中熟。

2.6　播种期

20190601。

2.7　始穗期

20190911。

2.8 抽穗期

20190913。

2.9 齐穗期

20190915。

2.10 成熟期

20191102。

2.11 全生育期

155 d。

2.12 株高

138.9 cm，评价：9 高。

2.13 茎秆

茎秆长：115.2 cm。评价：9 长。

伸长节间数：6.0。

倒1节间长：40.5 cm。

倒2节间长：25.0 cm。

倒3节间长：23.1 cm。

倒4节间长：15.6 cm。

倒5节间长：9.1 cm。

倒6节间长：4.4 cm。

2.14 穗长

23.5 cm，评价：5 中。

2.15 穗粒数

134.0，评价：5 中。

2.16 穗抽出度

7.0 cm，评价：3 抽出较好。

2.17 穗型

评价：5 中间型。

2.18 枝梗分布

评价：5 少。

一次枝梗数：11.7。

一次枝梗颖花数：66.7。

二次枝梗数：22.0。

二次枝梗颖花数：67.3。

2.19 穗立形状

主茎穗弯曲度：85.3°。

评价：7 弯曲。

2.20 谷粒长度

7.45 mm，评价：5 中。

2.21 谷粒宽度

3.38 mm，评价：5 中。

2.22 谷粒厚度

2.05 mm。

2.23 谷粒形状

谷粒长宽比 = 2.20，评价：5 椭圆形。

2.24 糙米长度

5.18 mm，评价：1 短。

2.25　糙米宽度

2.95 mm，评价：5 中。

2.26　糙米厚度

1.97 mm。

2.27　糙米形状

糙米长宽比 = 1.76，评价：1 近圆形。

2.28　种皮色

评价：1 白色。

2.29　芽鞘色

评价：1 无色。

2.30　叶鞘色

评价：2 绿色。

2.31　叶片色

评价：4 浅绿色。

2.32　叶片卷曲度

评价：2 正卷（叶片的两边向下弯曲）。

2.33　剑叶长度

36.4 cm，评价：7 长。

2.34　剑叶宽度

1.1 cm，评价：5 中。

2.35　剑叶出叶角

29.0°，评价：5 中间型。

2.36　倒二叶长度

48.1 cm，评价：5 中。

2.37　倒二叶宽度

0.9 cm，评价：1 窄。

2.38　倒二叶出叶角

32.8°，评价：1 直立。

2.39　叶耳颜色

评价：2 黄色。

2.40　叶舌颜色

评价：2 白色。

2.41　叶枕颜色

评价：1 绿色。

2.42　叶节颜色

评价：2 绿色。

2.43　茎秆角度

15.0°，评价：1 直立。

2.44　茎秆节的颜色

评价：1 浅绿色。

2.45　茎秆节间色

评价：1 黄色。

2.46　茎秆茎节包露

评价：1 包。

2.47 茎秆粗细

6.70 mm，评价：9 粗。

2.48 茎基粗

6.75 mm，评价：9 粗。

2.49 分蘖力

评价：5 中。

2.50 倒伏性

评价：9 伏。

2.51 芒长

1.0 cm，评价：3 短。

2.52 芒色

评价：5 褐色。

2.53 芒分布

评价：9 多。

2.54 护颖色

评价：1 黄色。

2.55 护颖长短

2.0 mm，评价：3 中。

2.56 颖尖色

评价：3 褐色。

2.57 颖色

评价：1 黄色。

2.58 落粒性

评价：5 中。

3 经济性状特性

3.1 有效穗数

14.1，评价：7 中。

3.2 每穗粒数

64.9，评价：3 少。

3.3 结实率

93.9%，评价：9 极高。

3.4 千粒重

24.2 g，评价：5 中。

§41 细柴糯

1 基本信息

1.1 种质编号

LV3205246。

1.2 种质名称

细柴糯。

1.3 种质外文名

Xi Chai Nuo。

1.4 科名

Gramineae（禾本科）。

1.5 属名

Oryza（稻属）。

1.6　学名

Oryza sativa L.（水稻）。

1.7　原产国

中国（China）。

1.8　原产省

江苏省（Jiangsu）。

1.9　原产地

吴县（Wuxian）。

1.10　来源地

江苏省苏州市。

1.11　种质类型

地方品种。

1.12　图像

见彩插第41页。

1.13　观测地点

江苏省苏州市吴中区及昆山市。

2　形态特征和生物学特性

2.1　亚种类型

评价：1粳稻。

2.2　水旱性

评价：1水稻。

2.3　黏糯性

评价：1糯稻。

2.4　光温性

评价：3晚稻。

2.5　熟期性

评价：3晚熟。

2.6　播种期

20190601。

2.7　始穗期

20190914。

2.8　抽穗期

20190915。

2.9　齐穗期

20190917。

2.10　成熟期

20191104。

2.11　全生育期

157 d。

2.12　株高

132.3 cm，评价：9高。

2.13　茎秆

茎秆长：107.8 cm。评价：7中长。

伸长节间数：6.0。

倒1节间长：43.2 cm。

倒2节间长：23.6 cm。

倒3节间长：21.0 cm。

倒4节间长：13.3 cm。

倒5节间长：7.0 cm。

倒6节间长：1.1 cm。

2.14　穗长

24.5 cm，评价：5 中。

2.15　穗粒数

98.5，评价：3 少。

2.16　穗抽出度

9.8 cm，评价：1 抽出良好。

2.17　穗型

评价：5 中间型。

2.18　枝梗分布

评价：7 多。

一次枝梗数：9.0。

一次枝梗颖花数：46.0。

二次枝梗数：18.0。

二次枝梗颖花数：52.5。

2.19　穗立形状

主茎穗弯曲度：60.3°。

评价：7 弯曲。

2.20　谷粒长度

7.31 mm，评价：5 中。

2.21　谷粒宽度

3.27 mm，评价：5 中。

2.22　谷粒厚度

2.08 mm。

2.23　谷粒形状

谷粒长宽比 = 2.24，评价：5 椭圆形。

2.24　糙米长度

5.12 mm，评价：1 短。

2.25　糙米宽度

2.66 mm，评价：5 中。

2.26　糙米厚度

1.99 mm。

2.27　糙米形状

糙米长宽比 = 1.92，评价：3 椭圆形。

2.28　种皮色

评价：1 白色。

2.29　芽鞘色

评价：1 无色。

2.30　叶鞘色

评价：2 绿色。

2.31　叶片色

评价：4 绿色。

2.32　叶片卷曲度

评价：2 正卷（叶片的两边向下弯曲）。

2.33　剑叶长度

28.9 cm，评价：5 中。

2.34　剑叶宽度

1.1 cm，评价：5 中。

2.35　剑叶出叶角

35.3°，评价：5 中间型。

2.36　倒二叶长度

41.8 cm，评价：5 中。

2.37　倒二叶宽度

1.0 cm，评价：1 窄。

2.38　倒二叶出叶角

30.3°，评价：1 直立。

2.39　叶耳颜色

评价：2 黄色。

2.40　叶舌颜色

评价：2 白色。

2.41　叶枕颜色

评价：1 绿色。

2.42　叶节颜色

评价：2 绿色。

2.43　茎秆角度

15.0°，评价：1 直立。

2.44　茎秆节的颜色

评价：1 浅绿色。

2.45　茎秆节间色

评价：1 黄色。

2.46　茎秆茎节包露

评价：1 包。

2.47　茎秆粗细

6.00 mm，评价：5 中。

2.48　茎基粗

6.30 mm，评价：5 中。

2.49　分蘖力

评价：1 强。

2.50　倒伏性

评价：7 倒。

2.51　芒长

1.6 cm，评价：5 中。

2.52　芒色

评价：5 褐色。

2.53　芒分布

评价：9 多。

2.54 护颖色

评价：1 黄色。

2.55 护颖长短

2.5 mm，评价：3 中。

2.56 颖尖色

评价：3 褐色。

2.57 颖色

评价：2 银灰色。

2.58 落粒性

评价：5 中。

3 经济性状特性

3.1 有效穗数

9.8，评价：3 少。

3.2 每穗粒数

74.8，评价：3 少。

3.3 结实率

97.3%，评价：9 极高。

3.4 千粒重

24.0 g，评价：5 中。

§42 麻筋糯

1 基本信息

1.1 种质编号

LV3205250。

1.2 种质名称

麻筋糯。

1.3 种质外文名

Ma Jin Nuo。

1.4 科名

Gramineae（禾本科）。

1.5 属名

Oryza（稻属）。

1.6 学名

Oryza sativa L.（水稻）。

1.7 原产国

中国（China）。

1.8 原产省

江苏省（Jiangsu）。

1.9 原产地

太仓（Taicang）。

1.10 来源地

江苏省苏州市。

1.11 种质类型

地方品种。

1.12 图像

见彩插第42页。

1.13 观测地点

江苏省苏州市吴中区及昆山市。

2　形态特征和生物学特性

2.1　亚种类型

评价：1 粳稻。

2.2　水旱性

评价：1 水稻。

2.3　黏糯性

评价：1 糯稻。

2.4　光温性

评价：2 中稻。

2.5　熟期性

评价：2 中熟。

2.6　播种期

20190601。

2.7　始穗期

20190910。

2.8　抽穗期

20190912。

2.9　齐穗期

20190914。

2.10　成熟期

20191102。

2.11　全生育期

155 d。

2.12　株高

152.8 cm，评价：9 高。

2.13　茎秆

茎秆长：128.4 cm。评价：9 长。

伸长节间数：6.0。

倒 1 节间长：49.5 cm。

倒 2 节间长：31.8 cm。

倒 3 节间长：23.2 cm。

倒 4 节间长：15.8 cm。

倒 5 节间长：7.2 cm。

倒 6 节间长：2.5 cm。

2.14　穗长

24.3 cm，评价：5 中。

2.15　穗粒数

92.3，评价：3 少。

2.16　穗抽出度

15.8 cm，评价：1 抽出良好。

2.17　穗型

评价：5 中间型。

2.18　枝梗分布

评价：5 少。

一次枝梗数：9.7。

一次枝梗颖花数：46.3。

二次枝梗数：14.0。

二次枝梗颖花数：46.0。

2.19　穗立形状

主茎穗弯曲度：68.8°。

评价：7 弯曲。

2.20　谷粒长度

7.38 mm，评价：5 中。

2.21　谷粒宽度

3.13 mm，评价：5 中。

2.22　谷粒厚度

2.13 mm。

2.23　谷粒形状

谷粒长宽比 = 2.36，评价：5 椭圆形。

2.24　糙米长度

5.26 mm，评价：1 短。

2.25　糙米宽度

2.72 mm，评价：5 中。

2.26　糙米厚度

1.97 mm。

2.27　糙米形状

糙米长宽比 = 1.93，评价：3 椭圆形。

2.28　种皮色

评价：1 白色。

2.29　芽鞘色

评价：1 无色。

2.30　叶鞘色

评价：2 绿色。

2.31　叶片色

评价：5 绿色。

2.32　叶片卷曲度

评价：1 不卷或卷度很小。

2.33　剑叶长度

33.2 cm，评价：5 中。

2.34　剑叶宽度

1.2 cm，评价：5 中。

2.35　剑叶出叶角

28.3°，评价：5 中间型。

2.36　倒二叶长度

51.1 cm，评价：5 中。

2.37　倒二叶宽度

0.9 cm，评价：1 窄。

2.38　倒二叶出叶角

33.8°，评价：1 直立。

2.39　叶耳颜色

评价：2 黄色。

2.40　叶舌颜色

评价：2 白色。

2.41　叶枕颜色

评价：1 绿色。

2.42　叶节颜色

评价：2 绿色。

2.43　茎秆角度

20.0°，评价：1 直立。

2.44　茎秆节的颜色

评价：1 浅绿色。

2.45　茎秆节间色

评价：1 黄色。

2.46　茎秆茎节包露

评价：1 包。

2.47　茎秆粗细

6.00 mm，评价：5 中。

2.48　茎基粗

6.25 mm，评价：5 中。

2.49　分蘖力

评价：1 强。

2.50　倒伏性

评价：9 伏。

2.51　芒长

1.5 cm，评价：5 中。

2.52　芒色

评价：5 褐色。

2.53　芒分布

评价：9 多。

2.54　护颖色

评价：1 黄色。

2.55　护颖长短

2.5 mm，评价：3 中。

2.56　颖尖色

评价：3 褐色。

2.57　颖色

评价：4 赤褐色。

2.58　落粒性

评价：5 中。

3　经济性状特性

3.1　有效穗数

12.8，评价：7 中。

3.2　每穗粒数

66.5，评价：3 少。

3.3　结实率

96.0%，评价：9 极高。

3.4 千粒重

24.9 g，评价：5 中。

§43 苏御糯

1 基本信息

1.1 种质编号

LV3205001。

1.2 种质名称

苏御糯。

1.3 种质外文名

Su Yu Nuo。

1.4 科名

Gramineae（禾本科）。

1.5 属名

Oryza（稻属）。

1.6 学名

Oryza sativa L.（水稻）。

1.7 原产国

中国（China）。

1.8 原产省

江苏省（Jiangsu）。

1.9 原产地

张家港（Zhangjiagang）。

1.10 来源地

江苏省苏州市。

1.11 种质类型

地方品种。

1.12 图像

见彩插第 43 页。

1.13 观测地点

江苏省苏州市吴中区及昆山市。

2 形态特征和生物学特性

2.1 亚种类型

评价：1 粳稻。

2.2 水旱性

评价：1 水稻。

2.3 黏糯性

评价：1 糯稻。

2.4 光温性

评价：2 中稻。

2.5 熟期性

评价：2 中熟。

2.6 播种期

20190601。

2.7 始穗期

20190815。

2.8　抽穗期

20190817。

2.9　齐穗期

20190820。

2.10　成熟期

20191015。

2.11　全生育期

137 d。

2.12　株高

129.5 cm，评价：5 中。

2.13　茎秆

茎秆长：103.3 cm。评价：5 中。

伸长节间数：5.2。

倒 1 节间长：48.6 cm。

倒 2 节间长：24.3 cm。

倒 3 节间长：19.6 cm。

倒 4 节间长：8.9 cm。

倒 5 节间长：2.0 cm。

倒 6 节间长：0.5 cm。

2.14　穗长

26.3 cm，评价：5 中。

2.15　穗粒数

131.3，评价：5 中。

2.16　穗抽出度

11.6 cm，评价：1 抽出良好。

2.17　穗型

评价：5 中间型。

2.18　枝梗分布

评价：5 少。

一次枝梗数：11.0。

一次枝梗颖花数：62.3。

二次枝梗数：21.3。

二次枝梗颖花数：69.0。

2.19　穗立形状

主茎穗弯曲度：81.0°。

评价：7 弯曲。

2.20　谷粒长度

9.58 mm，评价：7 长。

2.21　谷粒宽度

3.90 mm，评价：7 宽。

2.22　谷粒厚度

2.27 mm。

2.23　谷粒形状

谷粒长宽比 = 2.66，评价：5 椭圆形。

2.24　糙米长度

6.94 mm，评价：5 中。

2.25　糙米宽度

2.94 mm，评价：5 中。

2.26　糙米厚度

2.17 mm。

2.27　糙米形状

糙米长宽比 = 2.36，评价：5 半纺锤形。

2.28　种皮色

评价：1 白色。

2.29　芽鞘色

评价：2 浅紫色。

2.30　叶鞘色

评价：2 绿色。

2.31　叶片色

评价：4 浅绿色。

2.32　叶片卷曲度

评价：1 不卷或卷度很小。

2.33　剑叶长度

32.9 cm，评价：5 中。

2.34　剑叶宽度

1.4 cm，评价：5 中。

2.35　剑叶出叶角

26.5°，评价：5 中间型。

2.36　倒二叶长度

46.7 cm，评价：5 中。

2.37　倒二叶宽度

1.2 cm，评价：5 中。

2.38　倒二叶出叶角

40.8°，评价：1 直立。

2.39　叶耳颜色

评价：2 黄色。

2.40　叶舌颜色

评价：2 白色。

2.41　叶枕颜色

评价：1 绿色。

2.42　叶节颜色

评价：2 绿色。

2.43　茎秆角度

15.0°，评价：1 直立。

2.44　茎秆节的颜色

评价：1 浅绿色。

2.45　茎秆节间色

评价：1 黄色。

2.46　茎秆茎节包露

评价：1 包。

2.47　茎秆粗细

8.00 mm，评价：9 粗。

2.48　茎基粗

8.20 mm，评价：9 粗。

2.49　分蘖力

评价：5 中。

2.50　倒伏性

评价：5 斜。

2.51　芒长

评价：1 无。

2.52　护颖色

评价：1 黄色。

2.53　护颖长短

2.5 mm，评价：3 中。

2.54　颖尖色

评价：1 黄色。

2.55　颖色

评价：1 黄色。

2.56　落粒性

评价：5 中。

3　经济性状特性

3.1　有效穗数

9.7，评价：5 少。

3.2　每穗粒数

90.6，评价：5 中。

3.3　结实率

90.5%，评价：9 极高。

3.4　千粒重

39.1 g，评价：7 高。

§44　鸭血糯

1　基本信息

1.1　种质编号

LV3205002。

1.2　种质名称

鸭血糯。

1.3　种质外文名

Ya Xue Nuo。

1.4　科名

Gramineae（禾本科）。

1.5　属名

Oryza（稻属）。

1.6　学名

Oryza sativa L.（水稻）。

1.7　原产国

中国（China）。

1.8　原产省

江苏省（Jiangsu）。

1.9　原产地

常熟（Changshu）。

1.10　来源地

江苏省苏州市。

1.11　种质类型

地方品种。

1.12　图像

见彩插第44页。

1.13　观测地点

江苏省苏州市吴中区及昆山市。

2　形态特征和生物学特性

2.1　亚种类型

评价：1 粳稻。

2.2　水旱性

评价：1 水稻。

2.3　黏糯性

评价：1 糯稻。

2.4　光温性

评价：2 中稻。

2.5　熟期性

评价：2 中熟。

2.6　播种期

20190601。

2.7　始穗期

20190810。

2.8　抽穗期

20190812。

2.9　齐穗期

20190814。

2.10　成熟期

20191010。

2.11　全生育期

132 d。

2.12　株高

94.5 cm，评价：5 中。

2.13　茎秆

茎秆长：71.8 cm。评价：5 中。

伸长节间数：4.2。

倒 1 节间长：37.3 cm。

倒 2 节间长：19.3 cm。

倒 3 节间长：9.8 cm。

倒 4 节间长：4.9 cm。

倒 5 节间长：0.4 cm。

2.14　穗长

22.8 cm，评价：5 中。

2.15 穗粒数

212.1，评价：7 多。

2.16 穗抽出度

4.6 cm，评价：3 抽出较好。

2.17 穗型

评价：5 中间型。

2.18 枝梗分布

评价：7 多。

一次枝梗数：11.7。

一次枝梗颖花数：61.1。

二次枝梗数：36.6。

二次枝梗颖花数：114.4。

2.19 穗立形状

主茎穗弯曲度：103.0°。

评价：9 下垂。

2.20 谷粒长度

9.48 mm，评价：7 长。

2.21 谷粒宽度

2.43 mm，评价：3 窄。

2.22 谷粒厚度

1.73 mm。

2.23 谷粒形状

谷粒长宽比 = 3.90，评价：9 细

长形。

2.24 糙米长度

6.41 mm，评价：5 中。

2.25 糙米宽度

1.97 mm，评价：1 窄。

2.26 糙米厚度

1.60 mm。

2.27 糙米形状

糙米长宽比 = 3.90，评价：9 锐尖纺锤形。

2.28 种皮色

评价：3 褐色。

2.29 芽鞘色

评价：3 深紫色。

2.30 叶鞘色

评价：3 紫色。

2.31 叶片色

评价：7 边缘紫色。

2.32 叶片卷曲度

评价：2 正卷（叶片的两边向下弯曲）。

2.33 剑叶长度

29.0 cm，评价：5 中。

2.34　剑叶宽度

1.8 cm，评价：5 中。

2.35　剑叶出叶角

40.0°，评价：5 中间型。

2.36　倒二叶长度

42.3 cm，评价：5 中。

2.37　倒二叶宽度

1.6 cm，评价：5 中。

2.38　倒二叶出叶角

32.0°，评价：1 直立。

2.39　叶耳颜色

评价：2 黄色。

2.40　叶舌颜色

评价：2 白色。

2.41　叶枕颜色

评价：1 绿色。

2.42　叶节颜色

评价：2 绿色。

2.43　茎秆角度

32.5°，评价：3 中间型。

2.44　茎秆节的颜色

评价：1 浅绿色。

2.45　茎秆节间色

评价：1 黄色。

2.46　茎秆茎节包露

评价：1 包。

2.47　茎秆粗细

5.6 mm，评价：5 中。

2.48　茎基粗

6.3 mm，评价：5 中。

2.49　分蘖力

评价：1 强。

2.50　倒伏性

评价：5 斜。

2.51　芒长

评价：1 无。

2.52　护颖色

评价：2 红色。

2.53　护颖长短

2.5 mm，评价：3 中。

2.54　颖尖色

评价：4 紫色。

2.55　颖色

评价：4 赤褐色。

2.56　落粒性

评价：7 高。

3　经济性状特性

3.1　有效穗数

18.1，评价：7 中。

3.2　每穗粒数

111.9，评价：5 中。

3.3　结实率

80.5%，评价：7 高。

3.4　千粒重

17.8 g，评价：3 低。

第三篇　苏州大米地方稻种资源的开发与利用

一、苏州大米地方稻种资源的开发和利用

（一）地方良种的评定、引种和利用

太湖流域一带历史上一向是稻（一季中稻或晚稻）—麦（油菜、蚕豆或绿肥）一年两熟为主的耕作制度，本区粳稻种植历史悠久，地方粳稻品种资源极为丰富，新中国成立前及成立初期太湖地区均沿用小农经济时期的地方品种，生产水平较低。著名的晚粳（糯）品种有"黄稻""青稻""红稻""黑稻"等4类。黄稻又称"厚稻"，典型品种有"大黄稻""矮大种""芦花白""洋稻""金谷黄""三千穗""老虎稻"等，产量高，熟期早，适于稻、麦两熟栽培。青稻又称"薄稻"，典型品种有"太湖青""老来青""落霜青""铁秆青"等，生育期长，适于一熟栽培。红稻颖色赤褐，耐涝性强，典型品种有"荔枝红""黑头红""老来红"等，适于排水不良的低洼田。黑稻颖色紫褐，典型品种有"黑稻""鸡哽稻""灶家种""黑香粳""乌嘴糯"等，经济性状差，但抗逆性强，适于贫瘠田块及田周保护性栽培。以上品种均在太湖流域晚粳生产历史上发挥了各具特色的作用。但是，随着农业生产的不断发展及耕作水平的提高，一些性状差、易感病的低产品种已不能适应生产发展的需要。自20世纪50年代初起，各地广泛开展对地方品种的调查、征集、整理和利用工作，并在农业科研单位和国营农场、良种场进行品种比较、品种区域性试验及大田生产示范，同时相应开展群众性良种评选活动，大力推广评选出的优良丰产品种，如江苏的"小黄稻""凤凰稻""罗汉黄""牛毛黄""野稻""矮箕野稻""太湖青""乌黑头红""四上裕""绿种"等，严格淘汰性状差的低

产品种，对推动生产起到了一定的作用。"乌黑头红"曾推广 2.67 万公顷；"四上裕"具有抗病耐瘠能力，曾种植 6.67 万公顷。20 世纪 50 年代中期又大力推广地方改良品种"853""261""314""412""苏稻 1 号"和"老来青"等，其中"412"因抗稻瘟病和纹枯病，曾推广 9.33 万公顷。

浙江的杭嘉湖平原东部高田区种植"老来青""新太湖青""落霜青"等较多；中部低田区种植"荔枝红""老来红""矮红稻"等耐涝红稻品种较多；东中部交界地区则以种植"老虎稻""金谷黄"和"大黄稻"等黄稻品种为主；西部丘陵山区多种植"双阳稻""乌嘴糯"等耐瘠抗寒稳产品种；宁绍平原地区则种植"10509""金谷黄""红须粳"和"猪毛簇"等品种。其中"10509"米质优、适应性广，1957 年曾在长江中下游各省推广 106.67 万公顷。

上海地区以选用"老来青""四上裕""铁秆青""葡萄青""黄种""白芒短种"和"黑种"为主，这几种稻产量比较高而稳定，而且米质较优。其中"白芒短种"曾推广 0.67 万公顷。

（二）以地方品种资源为基础选育新品种

20 世纪 50 年代初期，征集、整理、评选和鉴定出一批优良品种，如"老来青""10509""853""新太湖青""261""412""四上裕""红壳糯""红须粳"等，在太湖地区进行推广应用，在生产上起了很大作用。

1. 以地方品种资源为基础经系统选育新品种

如全国劳动模范陈永康通过"一穗传"的方法从原江苏松江的"矮宁黄"中选出"老来青"，它米质优良、生长后期清秀，穗、粒、重三者比较协调，丰产性好，适应性广，宜作单、双季晚稻栽培，在江、浙、沪太湖地区及湖北、湖南、四川等省（市）推广，1958 年面积达到 49.33 万公顷。江苏教育学院又从"矮宁黄"中通过穗行系统选育法选出"853"，最后由江苏省原苏南稻作试验场育成，1955

年在太湖地区开始大面积示范推广，作单季稻栽培。该品种稻株高 120 厘米，每穗 80 ～ 90 粒，千粒重 32 ～ 33 克，米质优良、高产丰产、耐肥不易倒伏、抗虫力强，不易感白叶枯病，1958 年在苏南等地推广面积达 11.8 万公顷，比"老来青"增产 3% ～ 27%。1958 年，太湖地区农业科学研究所又从"853"中系统选育出"苏稻 1 号"，该品种米质上等，一般每亩产量达 350 ～ 400 千克，推广面积较大，1964 年在太湖地区推广 10 万公顷。

2. 以地方品种作为杂交亲本之一选育新品种

原江苏松江地方品种"矮宁黄"衍生品种 24 个，其中"老来青"的衍生品种 12 个，"853"的衍生品种 12 个。

浙江省农业科学院以"矮仔占 4 号"／"老来青 F1"／／"农垦 58"，先后育成"矮粳 1 号""矮粳 6 号""矮粳 22 号"，这些品种茎秆偏矮，叶片繁茂，易遭病虫害；中国水稻研究所以"矮粳 1 号"为基础育成了"香粳 1 号""香糯 4 号"；浙江省农业科学院以"矮粳 6 号""矮粳 22 号"为基础育成了一批良种，其中以"矮粳 22 号"／"桂花黄"／／"农红 73"育成了"矮粳 23 号"，表现植株紧凑，叶片短窄上举，前期叶色深绿，茎秆坚硬，分蘖力略低于"农虎 6 号"，穗大粒多，着粒紧密，耐肥抗倒，抗白叶枯病，耐稻瘟病，丰产性好，一般每亩产量达 350 千克，高的达 450 ～ 500 千克。

太湖地区农业科学研究所以苏南地方改良品种"853"／"晚选 20"育成"单八"，1979 年从"单八"选育成"早单八"，该品种具有优质、抗白叶枯病、丰产性好等优点，在太湖地区作单、双季晚稻栽培，1990 年推广面积为 26.67 万公顷。

江苏省常州市武进区农业科学研究所用常熟地方品种"矮箕白壳糯"／"日本虹糯"／／"农星 58"／"黄壳廿日"育成"复虹糯 6 号""复虹糯 30 号"。武进滆湖稻麦良种场又用相同组合育成了"武糯 1 号""武糯 2 号"，从"复虹糯 30 号"

中系选出"武复糯"。江阴市农业科学研究所从"复虹糯"中选出了"30-17"。1980 年，江苏省农业科学院和武进滆湖稻麦良种场用"复虹糯"／"辛尼斯（Zenith）"／／"南粳 15"选育成"紫金糯"，作单季晚稻栽培，株高 85 ~ 90 厘米，茎基部节间短，茎秆坚韧，抗倒性好，叶片短而挺，分蘗力强，成穗率高，属多穗型品种，成熟较早，丰产性好，适应性广，栽培技术容易掌握。但抗病力不强，中感白叶枯病和稻瘟病。1988 年太湖地区推广 26.67 万公顷。

3. 以地方品种资源与国外引进品种进行杂交选育新品种

太湖地区地方品种"矮脚落霜青""老虎稻""红壳晚""黄壳早廿日"等都是良好的种质资源，1964 年浙江省嘉兴地区农业科学研究所用"矮银坊主（日）"／"矮脚落霜青"，于 1967 年育成"矮落""矮落 3 号""矮落 7 号"等品种，江苏等地均引进试种，表现丰产性好、适应性广，比"农垦 58"生育期短 12 天，株高 90 厘米，叶色淡绿，株型紧凑，着粒稀，结实率高（90%），分蘗力强，成穗率高，属多穗晚粳，生长清秀，后期青秆籽黄，抗稻瘟病，感白叶枯病，1977年种植达 5 万公顷。浙江省嘉兴地区农业科学研究所又用"农垦 58"／"老虎稻"于 1965 年育成"农虎 3 号""农虎 4 号""农虎 6 号"，并通过"农虎 6 号"衍生出 21 个晚粳品种，其中有影响的品种有"嘉湖 4 号""农虎 32 号""桐青晚""秀水 04""辐农 709""秀水 27""秀水 115""祥湖 24"等。浙江省农业科学院用"农垦 58"／"红壳晚"育成"农红 73"，再通过"农红 73"及其衍生品种"矮粳23 号"在各地先后育成了"浙粳 66"等 12 个品种。

"农垦 58"原名"世界稻"，引自日本，1957 年在江、浙、沪太湖地区试种，1960 年大面积推广，表现晚熟、矮秆、株型紧凑，茎秆细韧，茎部节间短，叶色浓绿，分蘗早而多，成穗率高，属多穗型品种。每穗粒数中等，粒偏小，千粒重26 ~ 27 克，籽粒饱满，结实率高，谷壳薄，米质优，对日照反应敏感。作单季晚

稻栽培，全生育期 165 天。较耐肥抗倒，抗白叶枯病，后期耐寒。由于综合性优良，适应性广，20 世纪 60 年代中期至 70 年代初期，江、浙、沪等太湖地区广为种植，累计种植面积达 946.67 万公顷，成为南方稻区推广种植面积最大的水稻良种之一。

"农垦 58"在我国太湖地区乃至南方稻区的应用不仅对粮食生产起了重要作用，而且也是对晚粳育种做出重大贡献的主要亲本。如在上海育成的 17 个晚粳品种中，具有"农垦 58"血缘的品种有 15 个，占育成品种的 88.2%。据郑维仁（1986）统计，在生产上大面积推广的晚粳品种中，"农垦 58"的衍生品种有 121 个，其中直接从"农垦 58"变异系选品种有 58 个，占总数的 47.9%；品种间杂交育成的品种有 51 个，占总数的 42.2%；辐射育成的品种有 7 个，占总数的 5.8%；花培育成品种 5 个，占总数的 4.1%。

"农虎 6 号"是浙江省嘉兴地区农业科学研究所用"农垦 58"／"老虎稻"育成的晚粳品种。"农虎 6 号"综合"农垦 58"和"平湖老虎稻"的优良性状于一体，表现株型紧凑，根系发达，耐肥抗倒，抗稻瘟病、白叶枯病，后期耐寒，适应性广，穗大粒多，丰产性好，一般每亩产量达 400 千克，高产的可达 500 千克以上，比"农垦 58"增产 10% 以上，在江、浙、沪太湖地区种植达 15 年之久。如 1972—1983 年平均每年推广"农虎 6 号"13.33 万公顷以上；据不完全统计，1970—1985 年在太湖等地区累计推广面积达 421.73 万公顷，是我国水稻生产上推广面积最大的主要品种之一。

"农虎 6 号"也是晚粳育种主要亲本之一。浙江省农业科学院以"农虎 6 号"为亲本育成的一系列品种（19 个）有"嘉湖 4 号"（"农虎 6 号"／"金垦 18"）、"辐农 709"（"农虎 6 号"[60]Co 处理）、"秀水 48"（"辐农 709"／"京引 154"／／"辐农 709"）、"秀水 27"（"松金"／"C21"／／／"窄松"／"铜青晚"／／"辐农

709"）、"秀水 04"（"单 209"／"辐农 709"／／"辐农 709"／／／"C21"）、"祥湖 47"（"辐农 709"／"京引 154"／／"鉴 3"／"嘉湖 4 号"）、"嘉湖 5 号"（"58 糯"／"农虎 6 号"／／"BL-7"）等。

"桂花黄"亦名"苏粳 1 号"，系地处太湖地区的原江苏省苏州地区农业科学研究所 1964 年引进意大利品种"巴利拉（Balila）"系选育成。"桂花黄"株高 90 厘米左右，叶短而阔，分蘖力弱、穗较大，穗颈硬粗而短，着粒紧密，成熟时穗头弯度小。谷粒黄色、无芒、饱满，易感稻瘟病。株型和穗型遗传传递力强。在太湖地区可作单、双季稻种植。据不完全统计，"桂花黄"在全国最大推广面积达 66.67 万公顷。

"桂花黄"是晚粳育种的一个主要亲本源。江、浙、沪太湖地区以"桂花黄"为亲本源共育成 23 个品种，其中江苏育成的有"昆稻 2 号""农桂早 3-7""桂花耀""桂花糯 80""江丰 3 号""宇红 8 号""青林 9 号"等 11 个；浙江育成的有"矮粳 23 号""矮黄种""香粳 1 号""香糯 4 号""秀水 115""浙粳 66"等 8 个；上海育成的有"铁桂丰""寒丰""新秀""桂农 12"等 4 个。

4. 太湖地区江浙改良品种间杂交育成新品种

郭二男等曾在 1980—1996 年对太湖地区地方品种、地方改良品种、国内外引进品种及近期育成的江浙改良品种的系谱分析、遗传传递、遗传距离、配合力等深入探讨亲本选配规律的系统研究中指出，在今后相当长的时间内利用太湖地区育成的江浙改良品种间的杂交配组，有望育成高产、稳产、优质的一代崭新太湖地区改良品种。"测 21""秀水 27""秀水 04"及"丙 620"等浙江改良品种在国内较早而成功地引入"IR26"等国际水稻研究所育成品种的抗性基因，如抗稻瘟病（Pi-Z）、抗白叶枯病（Xa-42）、抗褐稻虱（BPH1）的抗性基因，使得相关水稻品种不仅保持"农虎"系统的丰产性，而且大大改进了抗性，从而提高了稳产性和适

应性。江苏改良品种如"早单八""紫金糯""武复粳"等在江苏太湖地区推广面积均在6.67万公顷以上，表现矮秆抗倒、早熟、丰产、穗粒结构协调，适应性广，但易感稻瘟病，不抗稻飞虱，产量提高受到一定的限制。溯其渊源，多来自"农桂"系统，亲本之一为"桂花黄"，其感稻瘟基因的传递力很强，所以，含有其血缘的育成品种，均不同程度地感染稻瘟病。

水稻育种实践业已证明，同处太湖流域的江浙改良品种既有很多相同的地方，又有很多不同的地方，包括性状、遗传背景及生态环境等，是两地育种工作者长期辛勤劳动的结晶。如太湖地区农业科学研究所育成的高产、稳产、优质"太湖糯"便是一个很好的例子。其亲本之一是浙江改良品种"祥湖24"，表现植株较高，分蘖力强，生长势旺，穗大粒多，粒较重，迟熟，熟色好，抗稻瘟，而江苏改良品种"紫金糯"表现矮秆，分蘖力强，穗多，早熟，穗较小，粒较小，丰产性好，适应性强，但熟色差，不抗稻瘟病，两者配组杂交，经过5代选育，育成的新品种"太湖糯"则表现成熟较早，植株较矮，抗倒性好，穗大，粒多，粒重，穗粒结构协调，熟性好，丰产潜力大，每亩产量可达600～700千克。但"太湖糯"的选育过程没有同步采取稻瘟病鉴定筛选，所以，该品种抗性较"紫金糯"有所改善，但仍有一定程度的感病。后来又通过江苏太湖地区改良品种"早单八"和浙江太湖地区改良品种"秀水04"杂交，加强病原菌株的选择压力，1995年育成"太湖粳3号"。"秀水04"表现株较高，穗多，穗较小，粒数较多，粒重低，熟相好，耐肥力强，抗性好（稻瘟病、白叶枯病等）。"早单八"表现株较矮，耐肥力较强，穗较少，穗大粒多，粒重，米质好，但熟相和抗病性能较差。而杂交育成的"太湖粳3号"表现株较矮，耐肥抗倒性好，穗较多，穗大，粒多，粒较重，熟相好，抗病性强，米质优，在江苏、浙江、上海等太湖地区较大面积种植，推广面积在13.33万公顷。

太湖地区苏州水稻育种协作组（1985—2000）利用江浙改良品种间杂交配组育

成了"太湖糯""太湖粳 1 号""太湖粳 2 号""太湖粳 3 号""太湖粳 4 号""太湖粳 5 号""太湖粳 6 号""太湖粳 7 号""常粳 1 号"等 10 多个省、直辖市审定品种，常州等地相继育成"武育粳 5 号"（"武育粳 3 号" / "丙 627"）、"武运糯"（"紫金糯" / "武育粳 1 号" // "秀水 04" /// "武育粳 3 号"）等品种，这些新品种的育成为促进整个太湖流域水稻生产上新台阶做出了重要的贡献。

回顾水稻育种的发展历程，每一次水稻育种的重大突破都与水稻优异种质的关键有利基因利用密切关联。20 世纪 50—60 年代，水稻矮化育种正是利用"矮仔占""矮脚南特""广场矮"等矮秆资源，使我国水稻单产提高了 20%；70 年代水稻野败型等核质互作不育系的育成，实现了水稻杂种优势的生产利用，使水稻单产再提高 20%；80—90 年代的理想株型等种质育种应用，又给水稻超高产育种带来了新的突破。世界上许多国家都充分认识到种质资源对作物育种的卓越贡献，非常重视种质资源的收集、保存及评价研究，随着全球一体化进程的加速，各国对作物种质资源的争夺更加激烈。

太湖稻区小农经济时代丰富多样的农家品种为现代栽培稻选育演化做出了历史性贡献，从新中国成立初期以前的直接利用，到 20 世纪 60 年代的改良利用，再到 20 世纪 70 年代以后的逐渐规模化系统杂交选育，品种株型逐步矮化，耐肥抗倒性逐步提高，熟期越来越早，水稻大面积单产也从最初亩产 300～400 千克上升到现在的 600～700 千克，但是地方品种中蕴藏的宝贵遗传基因仍然是品种进一步改良的遗传基础。

二、苏州大米地方特色稻种资源的利用研究

当前，太湖流域绝大多数小农经济时代的大米地方品种已退出生产应用，但仍然有"苏御糯""鸭血糯"等名特优地方品种资源被用于优质稻米的开发。

（一）苏御糯

"苏御糯"是苏州市著名地方特产，栽培历史悠久。相传 1692 年，康熙皇帝在京城丰泽园澄怀堂召见大臣时说："朕巡幸江南，将江南香稻及菱角带来此处栽种。"因为康熙皇帝所说的这种稻米由苏州府历年解供，故名"苏御糯"。

1. 苏御糯的特征特性

"苏御糯"属早中熟籼型糯稻品种，全生育期 140 天左右，高秆大穗，株高 138 厘米左右，茎秆较软，耐肥抗倒性一般，株型紧凑，叶色浅绿，叶片长而披散，分蘖性弱，单株成穗 9～10 个，穗层不整齐，穗长 23.5 厘米，着粒密度较稀，每穗粒数 90 粒，结实率 92%，粒型呈扁椭圆形，粒重高，千

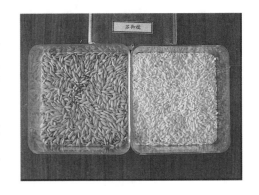

苏御糯

粒重 39.3 克，米粒大而饱满，色泽乳白，糯性适中，香味浓郁，其米质理化指标：胶稠度 139 毫米，蛋白质含量 10.5%，直链淀粉含量 1.61%，米饭光泽好，黏度适中，口感滑爽，蒸煮时有十分浓郁的香味，素有"一家煮食满村香"的美誉。

苏御糯的生产表现

2. 苏御糯的栽培技术

（1）推迟播期，培育壮秧。一般 5 月下旬播种，大田亩用种量 5.0 千克，秧田亩播种量 30 千克，机插塑盘育秧 150 克/盘，稀播匀播，培育多蘖壮秧。

（2）适时移栽，合理密植。6 月中旬移栽，机插秧秧龄控制在 15 ～ 18 天，每亩栽插 1.8 万～ 2.0 万穴，每穴 3 ～ 5 苗，基本苗 6 万～ 8 万株。

（3）科学肥水管理。采取重施底肥，及时追施分蘖肥，后期不施肥的方法。一般亩施纯氮 15 千克左右，氮、磷、钾用量比例为 1∶0.5∶0.5，重施底肥（氮肥 60% 作底肥，40% 作追肥），早施分蘖肥，忌后期偏施氮肥。移栽后寸水活棵，分蘖期浅水促蘖，够苗及时落水晒田，孕穗期至抽穗期保持田面有浅水，灌浆期干干湿湿，忌断水过早，以防早衰和影响米质。

（4）病虫害防治。坚持用药剂浸种。根据病虫预报，及时施药防治螟虫、稻飞虱、纹枯病、稻瘟病等病虫害。

3. 苏御糯的改良研究

吴竟仑等（1992）为改良"苏御糯"株高偏高、易倒伏等缺点，对"苏御糯"进行矮化育种研究，育成的"矮秆苏御糯"伸长节间数与原"苏御糯"相同，其株高之所以降低，主要是因为缩短了节间长度，特别是倒一节和倒二节分别缩短了 12 厘米和 10 厘米，抗倒性显著增强。与原"苏御糯"高感稻瘟病相比，"矮秆苏御糯"发病都很轻，在稻瘟病高发地吴江农业技术推广中心自然诱发病圃内，1991 年大发生穗颈瘟，原"苏御糯"穗颈瘟发病率在 90% 以上，基本无收，而"矮秆苏御糯"只有少量枝梗瘟及谷粒瘟。用江苏省农科院植保所提供的"浙 173 菌株"接种进行白叶枯病抗性鉴定，原"苏御糯"为 9 级高感，"矮秆苏御糯"为 5 级中抗。

（二）鸭血糯

"鸭血糯"是苏州市著名地方特产，相传是康熙年间由栽培稻变异而来，至今已

有 300 多年的种植历史。该品种富含蛋白质、维生素、天然黑色素，以及人体必需的铁、钙、镁、锌、硒等元素，具有强身补血、增强免疫力、抗氧化延缓衰老之功效，在苏南民间亦被称为"补血糯"。"鸭血糯"曾被列为皇宫内膳"御米"，现常用于制作酒酿、粉圆子、八宝饭、红米酥、米粉等食品，传统名点"血糯八宝饭"及"炒血糯"在江南一带享有盛誉，因其香甜可口、营养丰富，被列入国际菜谱。

1. 鸭血糯的特征特性

"鸭血糯"属中籼早熟糯稻品种，全生育期 130 天左右，株高 105 厘米左右，植株偏矮，茎秆细软，抗倒性一般，株型松散，叶色较深，叶姿披散，分蘖性强，单株成穗 18 个，穗层不整齐，穗长 22.9 厘米，穗弯曲度 103.0°，着粒密度较稀，每穗粒数 108

鸭血糯

粒，结实率 80%，千粒重 17.8 克，谷粒细长，种皮紫中带白，因其色泽殷红犹如滴滴鸭血而得名。

鸭血糯的生产表现

2. 鸭血糯的栽培技术

（1）推迟播期，培育壮秧。一般6月上旬播种，大田亩用种量3.0～3.5千克，机插塑盘育秧135克/盘，稀播匀播，培育多蘖壮秧。

（2）适时移栽，合理密植。6月下旬移栽，机插秧秧龄控制在15～18天，每亩栽插1.8万穴～2.0万穴，每穴3～5苗，基本苗6万～8万株。

（3）科学肥水管理。采取重施底肥，及时追施分蘖肥，后期不施肥的方法。一般亩施纯氮15千克左右，氮、磷、钾用量比例为1∶0.5∶0.5，重施底肥（氮肥60%作底肥，40%作追肥），早施分蘖肥，忌后期偏施氮肥。移栽后寸水活棵，分蘖期浅水促蘖，够苗及时落水晒田，孕穗期至抽穗期保持田面有浅水，灌浆期干干湿湿，忌断水过早，以防早衰和影响米质。

（4）病虫害防治。坚持用药剂浸种。根据病虫预报，及时施药防治螟虫、稻飞虱、纹枯病等病虫害。

鸭血糯肥料播期试验

3. 鸭血糯的改良研究

常熟市农业科学研究所从 1983 年开始对"鸭血糯"进行了连续 10 年的改良，育成了"常熟黑米"（又名"血糯 83-1"），并于 1994 年通过苏州市农作物品种审定小组审定。"常熟黑米"显著改良了"鸭血糯"的株型，抗倒性显著增强，产量较"鸭血糯"增产 22.9%，抗稻瘟病，高抗条纹叶枯病，中感纹枯病。从品质看，"常熟黑米"表皮黑色，色泽鲜艳，粒形细长，保持了"鸭血糯"的米粒外观特点，富含蛋白质、维生素、天然黑色素及人体必需的铁、铜、锌、镁、钙等微量元素，具有较高的营养价值和经济价值。但是与"鸭血糯"不同的是，"常熟黑米"是普通黏米，用它做的米饭偏硬，在酿酒和制作糕点等方面不及"鸭血糯"用途广泛。

附录　苏州大米地方稻种资源数据采集及评价标准

1　数据质量控制的基本方法

1.1　形态特征和生物学特性观测试验设计

1.1.1　试验地点

试验地点位于苏州市吴中区临湖镇采莲村的苏州市种子管理站农作物品种试验示范园、昆山市高新区赵厍村的苏州（昆山）农作物品种综合测试基地。

1.1.2　田间设计

采用育秧移栽法，秧龄 25 d 时单本移栽，插秧规格株行距 4 寸×7.5 寸，每小区种植 6 行，每行种植 10 株，重复 2 次。播种、收获、脱粒和干燥等操作及田间管理，采用本地常规方法。在抽穗期和成熟期去杂去劣，以保证繁种鉴定材料的遗传种性。数据采集有 2018—2019 年两年重复试验。

1.1.3　栽培环境条件控制

试验地土质具有当地的代表性，地势平坦，形状整齐，土壤肥力均匀。试验地无污染，无人畜危害。采用当地的普通施肥水平。灌水、防治病虫害等试验地管理与大田生产基本一致。

1.2　数据采集

所有的数据均通过统一、正规和严格的鉴定评价试验，经观察记载和实验分析获得。形态特征和生物学特性观测试验原始数据的采集是在水稻种质正常生长情况下获得。未遇到自然灾害等因素影响植株正常生长。

1.3 变异度

当水稻种质的形态特征和生物学特性的表达在水稻种质个体间存在差异时，计算非正常表达植株占总观测植株的百分比。

1.4 试验数据统计分析和校验

每份种质的形态特征和生物学特性、品质特性、抗逆性、抗病虫性等数据资料，依据对照品种进行校验。根据每年 2 ~ 3 次重复和两个年度的观测校验值，计算每份种质性状的平均值、标准差和变异系数、差异显著性等，判断试验结果的稳定性和可靠性。取校验值的平均值作为该种质的性状值。

2 基本信息

2.1 种质编号

由苏州市种子管理站对收集保存的品种进行统一编号。地方品种编号前冠以"LV"（Local Varieties），编号以"3205"开头，代表江苏苏州，后面三位数字为品种顺序，从"001"到"999"。如地方品种"苏御糯"的编号为"LV3205001"。

2.2 种质名称

国内种质的原始名称，如有多个名称可放在括号内，如"种质名称1（种质名称2，种质名称3）"。

2.3 种质外文名

种质的汉语拼音。每个汉字的汉语拼音之间空一格，首字母大写，如"Su Yu Nuo"。

2.4 科名

科名由拉丁名加括号内中文名组成，如"Gramineae（禾本科）"。

2.5　属名

属名由拉丁名加括号内中文名组成，如"Oryza（稻属）"。

2.6　学名

学名由拉丁名加括号内中文名组成，如"Oryza sativa L.（水稻）"。

2.7　原产国

水稻种质的原产国家名称、地区名称或国际组织名称。国家和地区名称参照
ISO 3166 和 GB/T 2659，如"中国（China）"。

2.8　原产省

水稻种质的原产省份名称，省份名称参照 GB/T 2260，如"江苏省（Jiang-
su）"。国外引进种质原产省用原产国家一级行政区的名称。

2.9　原产地

水稻种质的原产县，县名参照 GB/T 2260，如"常熟（Changshu）"。

2.10　来源地

水稻种质的来源省、县名称，省和县名参照 GB/T 2260，如"江苏常熟"。

2.11　种质类型

保存的水稻种质的类型，分 8 类。

1　野生资源

2　地方品种

3　选育品种

4　品系

5　杂交稻资源

6　遗传材料

7　突变体

8 其他

2.12 图像

水稻种质的图像文件名，图像格式为".jpg"。图像文件名由种质编号加半连号"-"加序号加".jpg"组成，如"LV3205001-1.jpg""LV3205001-2.jpg"。图像对象包括植株及其花、果实、特异性状等。

2.13 观测地点

水稻种质形态特征和生物学特性的观察地名，记录到省名和县名，如"江苏吴中"。

3 形态特征和生物学特性

3.1 亚种类型

分籼稻和粳稻，在水稻全生育期观测整个植株体。当表中 6 个性状积分≤13 时，判断为籼稻；6 个性状积分≥14 时，则判断为粳稻。1. 籼稻；2. 粳稻。

性状评分标准（表2）：

表2 性状等级及评分标准

性状	等级及评分				
	0	1	2	3	4
稃毛	短、齐、硬、直、匀	硬、稍齐、稍长	中或较长、不太齐、略软或仅有疣状突起	长、稍软、欠齐或不齐	长、乱、软
酚反应	黑	灰黑或褐黑	灰	边和棱微染	不染
穗轴第 1、2 节间距（cm）	≤2.0	2.0～2.5	2.5～3.0	3.0～3.5	>3.5

续表

性状	等级及评分				
	0	1	2	3	4
抽穗时 颖壳颜色	绿白	白绿	黄绿	浅绿	绿
叶毛	甚多	多	中	少	无
谷粒长宽比	>3.5	3.5~3.0	3.0~2.5	2.5~2.0	≤2.0

3.2　水旱性

观测水稻全生育期整个植株。根据水稻种质的原始水旱特性、来源、株型等观测整个小区，并综合判断。1. 水稻；2. 陆稻。

3.3　黏糯性

成熟后，当谷粒水分降到15%以下时，观测胚乳。随机挑选较饱满的稻谷10粒，去掉稻谷的颖壳，将胚乳横切后，目测胚乳断口处的颜色。将胚乳横切，断口处不透明，呈乳白色者为糯稻；断口处透明或部分透明（有腹白或心白时）者为黏稻。用1% I2-KI 溶液在断口处染色时，糯稻呈棕红色反应，黏稻呈蓝色反应。1. 黏稻；2. 糯稻。

3.4　光温性

按照水稻对温光反应的特性（两性一期）差异，分早稻、中稻、晚稻。早稻光反应迟钝，温反应中等偏强；晚稻光、温反应敏感；中稻光反应中等，温反应中等偏弱。1. 早稻；2. 中稻；3. 晚稻。

3.5　熟期性

在抽穗期和成熟期观测稻穗与籽粒，并根据在原产地的抽穗期和成熟期来综合判断。1. 早熟；2. 中熟；3. 晚熟。

3.6 播种期

种子播种的日期。表示方法为"年月日",格式"YYYYMMDD"。如 20050415,表示 2005 年 4 月 15 日播种。播种结束后,及时记载播种日期。

3.7 始穗期

每个穗的抽穗标准,以穗部露出叶鞘外 3 cm 时为准。稻穗陆续露出叶鞘外时,观测小区的稻穗。目测整个小区,当小区有 10% 的稻穗抽穗时,记为始穗期。表示方法和格式同 3.6。

3.8 抽穗期

始穗期后,目测整个小区,当小区有 50% 的稻穗抽穗时,记为抽穗期。表示方法和格式同 3.6。

3.9 齐穗期

抽穗期后,目测整个小区,当小区有 80% 的稻穗抽穗时,记为齐穗期。表示方法和格式同 3.6。

3.10 成熟期

黄熟期后,目测整个小区,当小区有 90% 以上的实粒黄熟时,记为成熟期。表示方法和格式同 3.6。

3.11 全生育期

观测记载播种日和成熟日,并计算全生育期。全生育期计算公式为:$G = M - B + 1$。式中:G 为全生育日数(d);M 为成熟日;B 为播种日。

3.12 株高

在灌浆期随机选取有代表性的植株 10~20 株(穴),测量主茎茎秆自地面至最高的穗顶部(不包括芒)之间的距离,即为株高,精确至 0.1 cm。重复 2 次,计算平均值(表3)。

表3 评价标准表

级别	1	3	5	7	9
类别	矮	中矮	中	中高	高
株高（cm）	≤70.0	70.0~90.0	90.0~110.0	110.0~130.0	>130.0

3.13 茎秆

3.13.1 茎秆长 在灌浆期随机选取有代表性的植株10~20株（穴），测量主茎茎秆自地面至穗颈节的长度，得出茎秆长，精确到0.1 cm。重复2次，计算平均值（表4）。

表4 评价标准表

级别	1	3	5	7	9
类别	短	中短	中	中长	长
秆长（cm）	≤50.0	50.0~70.0	70.0~90.0	90.0~110.0	>110.0

3.13.2 伸长节间数 在黄熟期随机选取有代表性的植株10株（穴），考种主茎茎秆伸长节间的数目。重复2次，计算平均值。

3.13.3 节间长 在黄熟期随机选取有代表性的植株10株（穴），依次考种主茎茎秆各伸长节间（倒一节间长、倒二节间长、倒三节间长、倒四节间长、倒五节间长、倒六节间长……）的长度，精确到0.1 cm。重复2次，计算平均值。

3.14 穗长

在灌浆期随机选取有代表性的植株10~20株（穴），测量主茎稻穗的穗长，精确至0.1 cm。重复2次，计算平均值（表5）。

表 5　评价标准表

级别	1	3	5	7	9
类别	极短	短	中	长	极长
长度（cm）	≤10.0	10.0~20.0	20.0~30.0	30.0~40.0	>40.0

3.15　穗粒数

在黄熟期随机选取有代表性的植株 10 株（穴），考种主茎稻穗的总粒数。重复 2 次，计算平均值（表 6）。

表 6　评价标准表

级别	1	3	5	7	9
类别	极少	少	中	多	极多
穗总粒数	≤60	60.0~100	100~200	200~300	>300

3.16　穗抽出度

在灌浆期随机测量 10~20 株（穴）主茎稻穗的穗抽出度，2 次重复，计算平均值。当穗颈节在剑叶鞘外时，以正值表示；当穗颈节被包在剑叶鞘内时，以负值表示，精确至 0.1 cm（表 7）。

表 7　评价标准表

级别	1	3	5	7	9
穗颈长（cm）	>8.5	2.1~8.5	−0.1~2.1	−5.0~−0.1	≤−5.0
穗抽出度	抽出良好	抽出较好	正好抽出	部分抽出	紧包

3.17　穗型

在蜡熟期观察主茎稻穗的分枝模式，一次枝梗的角度和小穗的密集程度。评价标准：1. 密集；5. 中间型；9. 散开。

3.18　枝梗

在蜡熟期调查主茎稻穗枝梗及着生小穗情况，包括一次枝梗数、二次枝梗数、三次枝梗数、一次枝梗颖花数、二次枝梗颖花数、三次枝梗颖花数。根据二次枝梗着生小穗情况评判（表8）。

表8　评价标准表

级别	类别	二次枝梗的小穗情况
1	无	无二次枝梗
5	少	每个一次枝梗上的二次枝梗<2个
7	多	每个一次枝梗上的二次枝梗<4个，但全穗不一致
9	聚集	每个一次枝梗上的二次枝梗≥3个，且全穗一致

3.19　穗立形状

在成熟期颖果坚硬、末端小穗成熟时，测量记载整个小区主茎穗轴的直立程度（表9）。

表9　评价标准表

级别	1	5	7	9
类别	直立	半直立	弯曲	下垂
夹角（°）	≤20	20～50	50～90	>90

3.20　谷粒长度

收获并风干后，随机测量有代表性的成熟谷粒20粒，利用扩大投影仪或游标卡尺测量，精确至0.01 mm。重复2次，计算平均值（表10）。

表10 评价标准表

级别	1	3	5	7	9
类别	极短	短	中	长	极长
长度（mm）	≤4.00	4.00～6.00	6.00～8.00	8.00～10.00	>10.00

3.21 谷粒宽度

收获并风干后，每个材料随机挑选有代表性的成熟谷粒20粒，利用扩大投影仪或游标卡尺测量，精确至0.01 mm。2次重复，计算平均值（表11）。

表11 评价标准表

级别	1	3	5	7	9
类别	极窄	窄	中	宽	极宽
宽度（mm）	≤1.50	1.50～2.50	2.50～3.50	3.50～4.50	>4.50

3.22 谷粒厚度

收获并风干后，每个品种随机挑选有代表性的成熟谷粒20粒，利用游标卡尺测量，精确至0.01 mm。重复2次，计算平均值。

3.23 谷粒形状

收获并风干后，测量20粒成熟饱满谷粒的长度和宽度，计算长度与宽度的比值，精确至0.01。重复2次，计算平均值（表12）。

表12 评价标准表

级别	1	3	5	7	9
谷粒形状	短圆形	阔卵形	椭圆形	中长形	细长形
长宽比	≤1.80	1.80～2.20	2.20～3.00	3.00～3.30	>3.30

3.24　糙米长度

收获并风干后，随机挑选成熟度较好的糙米 20 粒，用扩大投影仪或游标卡尺测量其长度，精确至 0.01 mm。重复 2 次，计算平均值（表 13）。

表 13　评价标准表

级别	1	5	9
类别	短	中	长
长度（mm）	≤5.50	5.50～7.50	>7.50

3.25　糙米宽度

收获并风干后，随机挑选较饱满的糙米 20 粒，用扩大投影仪或游标卡尺测量其宽度，精确至 0.10 mm。重复 2 次，计算平均值（表 14）。

表 14　评价标准表

级别	1	5	9
类别	窄	中	宽
宽度（mm）	≤2.20	2.20～3.20	>3.20

3.26　糙米厚度

收获并风干后，随机挑选较饱满的糙米 20 粒，用游标卡尺测量其厚度，精确至 0.10 mm。重复 2 次，计算平均值。

3.27　糙米形状

收获并风干后，随机挑选较饱满的糙米 20 粒，用放大投影仪或游标卡尺测量其长度和宽度，并计算糙米长度和宽度的比值，精确至 0.01。评价标准：1. 近圆形；3. 椭圆形；5. 半纺锤形；7. 纺锤形；9. 锐尖纺锤形。

3.28 种皮色

完全成熟后，随机挑选成熟饱满的糙米 20 粒，对照标准比色板，目测其种皮色。若种皮色不一致，则计算其变异度。评价标准：1. 白色；2. 红色；3. 褐色；4. 紫色；5. 黑色。

3.29 芽鞘色

在芽期芽鞘出现时目测芽鞘的颜色。对照标准比色板，观测 50 颗芽鞘。若颜色不一致，观测 100 粒种子，计算其变异度。评价标准：1. 无色；2. 浅紫色；3. 深紫色。

3.30 叶鞘色

在分蘖盛期对照标准比色板，目测并记载 20 株（穴）的叶鞘颜色。若颜色不一致，则计算其变异度。评价标准：1. 黄色；2. 绿色；3. 紫色。

3.31 叶片色

在分蘖盛期对照标准比色板，目测并记载整个小区的叶片颜色。若颜色不一致，计算其变异度。评价标准：1. 浅黄色；2. 黄色斑点；3. 绿白相间；4. 浅绿色；5. 绿色；6. 深绿色；7. 边缘紫色；8. 紫色斑点；9. 紫色。

3.32 叶片茸毛

在分蘖盛期用 10 倍放大镜目测并记载叶片表面茸毛的有无和密集程度。评价标准：1. 无；5. 疏；7. 中；9. 密。

3.33 叶片卷曲度

在盛花期目测主茎剑叶的卷曲程度。评价标准：1. 不卷或卷度很小；2. 正卷（叶片的两边向下弯曲）；3. 反卷（叶片的两边向上弯曲）；4. 螺旋状（叶片的卷曲呈螺旋状）。

3.34　剑叶长度

在灌浆期，每小区随机选取 10～20 株（穴）主茎剑叶叶片，测量其长度，精确至 0.1 cm。重复 2 次，计算平均值（表15）。

表15　评价标准表

级别	1	5	7	9
类别	短	中	长	极长
长度（cm）	≤25.0	25.0～35.0	35.0～45.0	>45.0

3.35　剑叶宽度

在灌浆期，每小区随机选取 20 株（穴）主茎剑叶叶片，测量其最宽处的宽度，精确至 0.1 cm。重复 2 次，计算平均值（表16）。

表16　评价标准表

级别	1	5	9
类别	窄	中	宽
宽度（cm）	≤1.0	1.0～2.0	>2.0

3.36　剑叶角度

在灌浆期，每小区随机选取 20 株（穴）主茎剑叶，目测倒二叶角度，重复 2 次，计算平均值。测定时，将主茎拉直，使其直立于地面，目测剑叶叶尖与叶枕的连线同主茎所成的夹角（表17）。

表17　评价标准表

级别	1	5	7	9
类别	直立	中间型	平展	下垂
夹角（°）	≤20	20～60	60～90	>90

3.37 倒二叶长度

在孕穗期，每小区随机选取 10～20 株（穴）主茎剑叶下第一叶片（倒二叶），测量其长度，精确到 0.1 cm（表 18）。

表 18 评价标准表

级别	1	3	5	7	9
类别	极短	短	中	长	极长
长度（cm）	≤20	20～40	40～60	60～80	>80

3.38 倒二叶宽度

在孕穗期，每小区随机选取 10～20 株（穴）主茎剑叶下第一叶片（倒二叶），测量其宽度，精确到 0.1 cm（表 19）。

表 19 评价标准表

级别	1	5	9
类别	极短	中	极长
宽度（cm）	≤1.0	1.0～2.0	>2.0

3.39 倒二叶角度

在孕穗期，每小区随机选取 20 株（穴）主茎剑叶下第一叶片（倒二叶），目测倒二叶角度，重复 2 次，计算平均值。测定时，将主茎拉直，使其直立于地面，目测倒二叶叶尖与叶枕的连线同主茎所成的夹角（表 20）。

表 20 评价标准表

级别	1	5	9
类别	直立	平展	下垂
夹角（°）	≤45	45～90	>90

3.40　叶耳颜色

在孕穗期对照标准比色板，目测记载主茎剑叶下第一叶叶耳的颜色。整个小区若颜色不一致，则计算其变异度。评价标准：1. 无色；2. 黄色；3. 绿色；4. 紫色。

3.41　叶舌颜色

在孕穗期对照标准比色板，目测记载主茎剑叶下第一叶叶舌的颜色。整个小区若颜色不一致，则计算其变异度。评价标准：1. 无叶舌；2. 白色；3. 紫色线条；4. 紫色。

3.42　叶舌形状

在孕穗期观测主茎剑叶下第一叶叶舌的形状。整个小区如果叶舌形状不一致，则计算其变异度。评价标准：1. 无叶舌；2. 尖至渐尖；3. 二裂；4. 平截。

3.43　叶枕颜色

在孕穗期对照标准比色板，目测记载主茎剑叶下第一叶叶枕的颜色。整个小区若颜色不一致，则计算其变异度。评价标准：1. 绿色；2. 紫色。

3.44　叶节颜色

在孕穗期对照标准比色板，目测记载主茎剑叶下第一叶叶节的颜色。整个小区若颜色不一致，则计算其变异度。评价标准：1. 无（白）色；2. 绿色；3. 紫色。

3.45　主茎叶片数

在水稻第一叶片展开至穗顶颖果露出期间，采用标记法，自第一叶片完全展开起对叶片标记记数，计算主茎一生的叶片总数（表21）。

表 21　评价标准表

级别	1	3	5	7	9
类别	极少	少	中	多	极多
叶片数（片）	≤10	10～12	12～15	15～18	>18

3.46　茎秆角度

在灌浆期，每小区随机选取非边行 10 株（穴），目测向外偏离最大的茎秆与地面垂直线所形成的角度。重复 2 次，计算平均值（表 22）。

表 22　评价标准表

级别	1	3	5	7	9
类别	直立	中间型	散开	披散	匍匐
夹角（°）	≤30	30～45	45～60	>60	茎秆或茎秆下部平铺于地面

3.47　茎秆节的颜色

在开花期目测主茎倒二茎节的颜色，对照标准比色板记载颜色。整个小区若颜色不一致，则计算其变异度。评价标准：1. 浅绿色；2. 紫色。

3.48　茎秆节间色

在开花期对照标准比色板，目测记载主茎茎秆节间色。整个小区若颜色不一致，则计算其变异度。评价标准：1. 黄色；2. 绿色；3. 红色；4. 紫色线条；5. 紫色。

3.49　茎秆茎节包露

在开花期随机选取代表性的植株 10～20 株（穴），观测分蘖节上第三节的茎节包裹或现露程度。评价标准：1. 包；2. 露。

3.50　茎秆粗细

在灌浆期每小区随机选取非边行 20 株（穴），用游标卡尺测量植株主茎秆倒 3

节中部的外径，计算大直径和小直径的平均值，精确至 0.01 mm（表23）。

表 23　评价标准表

级别	1	5	9
类别	细	中	粗
茎秆粗细（mm）	≤3.00	3.00~6.00	>6.00

3.51　茎基粗

在灌浆期每小区随机选取非边行 20 株（穴），用游标卡尺测量植株主茎秆基部节间中部的外径，计算大直径和小直径的平均值，精确至 0.01 mm（表24）。

表 24　评价标准表

级别	1	5	9
类别	细	中	粗
茎秆粗细（mm）	≤3.00	3.00~6.00	>6.00

3.52　分蘖力

在分蘖末期随机选取代表性的植株 10~20 株（穴），测量单株的分蘖总数。重复 2 次，计算平均值（表25）。

表 25　评价标准表

级别	1	5	9
类别	强	中	弱
分蘖总数（个）	>25	25~10	≤10

3.53　倒伏性

成熟后，目测记载整个小区茎秆向地面的倾斜角度（表26）。

207

表 26　评价标准表

级别	1	3	5	7	9
倒伏性	直	中间型	斜	倒	伏
倾斜角度（°）	≤30	30~45	45~60	>60 穗部触地	全株和稻穗平伏地面

3.54　芒长

在成熟期颖果坚硬、末端小穗成熟后，随机测量 20 株（穴）主茎稻穗的最长芒的长度，精确至 0.1 cm。重复 2 次，计算平均值（表27）。

表 27　评价标准表

级别	1	3	5	7	9
类别	无	短	中	长	特长
长度（cm）	完全无芒或有芒粒占 10% 以下	≤1.0	1.0~3.0	3.0~5.0	>5.0

3.55　芒色

在成熟初期颖果坚硬、末端小穗成熟时，对照标准比色板，目测记载芒的颜色。整个小区若颜色不一致，则计算其变异度。评价标准：1. 白色；2. 秆黄色；3. 黄色；4. 红色；5. 褐色；6. 紫色；7. 黑色。

3.56　芒分布

在成熟初期颖果坚硬、末端小穗成熟时，每小区随机选取 20 个穗，从穗尖向下目测芒在穗上的分布（表28）。

表 28　评价标准表

级别	1	3	5	7	9
类别	无	稀	少	中	多
芒分布（%）	0	≤5	5~10	10~75	>75

3.57 护颖色

在成熟期颖果坚硬、80%以上小穗成熟后，对照标准比色板，随机选取 20 粒稻谷，目测记载其颜色。若颜色不一致，则观测 60 粒后，计算变异度。评价标准：1. 黄色；2. 红色；3. 紫色。

3.58 护颖长短

在成熟期颖果坚硬、80%以上小穗成熟后，观测小穗下每个护颖的长度，精确至 0.1 mm。随机测定 20 个小穗的护颖长度，重复 2 次，计算平均值（表29）。

表29 评价标准表

级别	1	3	5	7	9
类别	短	中	长	极长	不对称
长度（mm）	≤1.5	1.5～2.5	>2.5 比外颖短	与外颖相等或超过	两颖相差超过 0.5

3.59 护颖形状

在成熟期颖果坚硬、80%以上小穗成熟后，观测小穗下每个护颖的形状。随机测定 20 个小穗的护颖形状。评价标准：1. 无；2. 线形或披针形；3. 锥形或有刺毛；4. 小三角形。

3.60 颖尖色

在成熟期颖果坚硬、末端小穗成熟后，对照标准比色板，目测 20 个谷粒颖尖的颜色。若颜色不一致，则观测 60 粒后，计算变异度。评价标准：1. 黄色；2. 红色；3. 褐色；4. 紫色；5. 黑色。

3.61 颖色

在成熟期颖果坚硬、80%以上小穗成熟后，对照标准比色板，目测 20 粒谷粒颖的颜色。若颜色不一致，则观测 60 粒后，计算变异度。评价标准：1. 黄色；

2. 银灰色；3. 褐色；4. 赤褐色；5. 紫黑色。

3.62 颖毛

在成熟期颖果坚硬、末端小穗成熟后，用 10 倍放大镜随机观察 20 粒稻谷颖壳有茸毛的表面占颖壳总面积的比例（表 30）。

表 30 评价标准表

级别	1	3	5	7	9
类别	无	少	中	多	极多
茸毛分布（%）	无（光颖）	≤20	20～50	50～80	>80

3.63 落粒性

在成熟期颖果坚硬、80% 以上小穗成熟后，将风干后的稻穗置于 1.5 m 高处，使其自然坠落在垫有铁板的地上，连续操作 3 次，计算落粒小穗占总小穗数（包括实粒数、空瘪粒数和落粒数）的百分比。随机选取 20 株（穴）主茎稻穗考种，计算平均值（表 31）。

表 31 评价标准表

级别	1	3	5	7	9
类别	极低	低	中	高	极高
落粒谷的百分比（%）	≤1.0	1.0～5.0	5.0～25.0	25.0～50.0	>50.0

4 经济性状特性

4.1 有效穗数

凡抽穗，穗粒数在 5 粒以上者均为有效穗。在黄熟期选取有代表性的植株 10～20 株（穴），调查其有效穗数。重复 2 次，计算平均值（表 32）。

表 32　评价标准表

级别	1	5	7	9
类别	极少	少	中	多
有效穗数（个）	≤5	5～10	10～20	>20

4.2　每穗粒数

在黄熟期随机选取有代表性的植株 10 株（穴），考种全部稻穗的总粒数，计算单穗平均穗粒数。重复 2 次，计算平均值（表 33）。

表 33　评价标准表

级别	1	3	5	7	9
类别	极少	少	中	多	极多
单穗平均穗粒数	≤50	50.0～80	80～160	160～200	>200

4.3　结实率

在黄熟期随机选取有代表性的 10～20 株（穴）主茎稻穗，考种总颖花数和实粒数，并计算实粒数占总颖花数的百分比，精确至0.1%。重复 2 次，计算平均值。结实率计算公式为：$F = (N - E)/N \times 100$。式中："F"为结实率（%）；"N"为每穗总粒数；"E"为每穗空瘪粒数（表 34）。

表 34　评价标准表

级别	1	3	5	7	9
类别	不结实	低	中	高	极高
结实率（%）	0	≤65.0	65.0～80.0	80.0～90.0	>90

4.4　千粒重

收获并风干后，按 GB/T 3543.6—1995 方法测定谷粒的水分。随机选取成熟谷

粒1000粒，准确称至0.1克，并转换为水分含量达13.0%时的重量。重复2次，计算平均值（表35）。

表35 评价标准表

级别	1	3	5	7	9
类别	极低	低	中	高	极高
千粒重（g）	≤10.0	10.0~20.0	20.0~30.0	30.0~40.0	>40.0

后记

优质品种是水稻产业发展的关键"芯片"。作为最重要的农业种质资源，地方水稻品种和种质资源具有极其丰富的遗传变异，蕴藏着大量控制优良性状的基因，决定着新的育种目标能否实现。"苏州大米"要实现产品质量和品质的独特性、稳定性，就必须持续提升地方水稻品种和种质资源品质。《苏州大米地方种质资源》作为"乡村振兴 品牌强农"系列丛书之一，以地方优质稻为对象，系统地总结、记录了近年来苏州开展的苏州大米地方种质资源保护工作及成果，为农业科技工作者开展地方优质稻保护提供了技术支撑。

在本书编写过程中，苏州市农业农村局相关领导给予了高度重视和大力支持，组成了专门的编委会确定本书的总体思路、篇章架构、主要内容、章节提纲。参加本书文稿写作的秦伟、沈雪林、王芳、朱正斌、张翔等同志，妥善处理编写工作与日常工作的矛盾，数易其稿，确保了编写任务的按期完成。秦伟同志对书稿进行

了统稿、终审，朱勇良同志进行了全稿的技术校对，在此对他们表示感谢。同时，也衷心感谢所有编写人员的通力协作和辛勤劳动，感谢为本书提供图片、数据等资料的同志。

虽然苏州在苏州大米地方种质资源保护方面做了大量工作，但许多方面尚在探索中，相关研究成果还是初步的。我们在审稿中尽力做了协调统稿工作，疏漏之处恐仍难免，欢迎广大读者批评指正。

苏州大学出版社为本书的出版提供了大力支持，在较短的时间内完成了书稿的编排和出版工作，在本书出版之际，特此表示感谢。

《苏州大米地方种质资源》编委会

2021 年 6 月 12 日